BrainySoftware

Git
学习指南

[德] René Preißel Bjørn Stachmann 著

凌杰 姜楠 译

人民邮电出版社

北京

图书在版编目（ＣＩＰ）数据

Git学习指南 /（德）普莱贝尔,（德）斯拉赫曼著；
凌杰，姜楠译. -- 北京 : 人民邮电出版社，2016.12（2022.6重印）
ISBN 978-7-115-43676-4

Ⅰ. ①G… Ⅱ. ①普… ②斯… ③凌… ④姜… Ⅲ. ①
软件工具－程序设计 Ⅳ. ①TP311.561

中国版本图书馆CIP数据核字(2016)第251078号

版 权 声 明

◆ 著　　　[德] René Preißel　　Bjørn Stachmann
　　译　　　凌 杰 姜 楠
　　责任编辑　陈冀康
　　责任印制　焦志炜

◆ 人民邮电出版社出版发行　　北京市丰台区成寿寺路 11 号
　　邮编　100164　　电子邮件　315@ptpress.com.cn
　　网址　http://www.ptpress.com.cn
　　北京天宇星印刷厂印刷

◆ 开本：800×1000　1/16
　　印张：14.25　　　　　　　　　2016 年 12 月第 1 版
　　字数：270 千字　　　　　　　2022 年 6 月北京第 23 次印刷
　　著作权合同登记号　图字：01-2015-8291 号

定价：59.90 元
读者服务热线：(010)81055410　印装质量热线：(010)81055316
反盗版热线：(010)81055315

内容提要

Git 是一款免费、开源的分布式版本控制系统，也是当今最为流行的版本控制系统之一，在众多的项目开发中普遍使用，得到程序员和工程师的欢迎和喜爱。

本书是一本面向专业开发者的图书。全书分为 26 章，从基础概念讲起，依次向读者介绍了有关 Git 的各种操作和使用技巧，不仅将提交、版本库、分支、合并等命令讲解到位，还介绍了工作流、基于分支的开发、二分法排错、发行版交付、项目的拆分与合并、项目的迁移等内容。

本书适合从事项目开发的专业人士阅读，想要学习 Git 的读者也可以选用。

前言

欢迎阅读本书。

在前言中,我们将会为你介绍 Git 究竟能做什么,以及为什么你会需要这本书。

为什么要用 Git

Git 的背后有着一个非常精彩的成功故事。2005 年 4 月,Linus Torvalds 因不满当时任何一个可用的开源版本控制系统,就亲自着手实现了 Git。

时至今日,如果我们在 Google 中搜索"git version control"这几个关键词,都会看到数以百万计的返回结果。Git 已经俨然成为了新型开源项目的一个标准。许多大型的开源项目都已经或正在计划迁移到 Git 上来。

下面,我们来看一下这么多人之所以会选择 Git 的原因。

- **Git 允许我们利用分支来开展工作**:在一个由多个开发者并行协作的项目中,开发者各自会有很多不同的开发路线。Git 的优势在于,它提供了一整套针对开发链的重新整合工具,以便我们对其进行合并、变基和捡取等操作。

- **工作流上的灵活性**:Git 非常灵活。不但单一开发者可以用它,敏捷团队也可以找到使用它工作的合适方法,甚至一个由众多开发者在不同的工作地点参与的大型国际项目也可以用它开发出一个很好的工作流。

- **适合奉献合作**:大多数开源项目所依靠的都是开发者的无私奉献。因此,让这种无私奉献的方式尽可能地简单化是一件非常重要的事。而这在一个集中式的版本控制系统中通常是很难做到的,因为我们不可能让所有人都有权限去写版本库。但如果我们使用 Git,那么每个人都先可以克隆一个独立的工作版本库,然后再对其进行后续的改动。

- **高性能**:Git 在处理拥有许多文件且历史悠久的项目时速度也依然是非常快的。例如,使用 Git 将 Linux 内核源码的当前版本切换到 6 年前的旧版本时,在一台 MacBook Air 上所需的时间不到 1 分钟。考虑这两个版本之间有着超过 200000 次的提交和 40000

个更改文件，这已经足以让人印象深刻了。

- **强大的抗故障和抗攻击能力**：由于项目历史被分散存储在多个分布式版本库中，因此数据严重流失的可能性不大。再加上版本库中有着巧妙简单的数据结构，这确保了其中的数据即使在遥远的未来也仍然会被正确地解释。而且，它还使用了统一的加密校验，这使得攻击者难以对版本库进行篡改。

- **离线开发与多点开发**：分布式的体系结构可以使得离线开发或者边旅行边开发的方式变得非常容易。而且该结构在多点开发模式下，我们既不需要设置中央服务器，也不需要固定的网络连接。

- **强大的开源社区**：除官方提供的详细文档外，你还可以在该社区找到无数相关的手册、论坛、维基网站等，另外还有各种工具生态系统、托管平台、出版物、服务以及针对各个开发环境的插件，整个社区都正在茁壮成长。

- **可扩展性**：Git 为用户提供了许多实用命令，其中包括了能使我们更便于直接访问其远程版本库的命令。这可以让 Git 变得非常灵活，这种灵活性将允许其各种独立应用提供比默认的 Git 版本更为强大的功能。

一本面向专业开发者的书

如果你在某一团队中从事开发工作，希望了解如何才能有效地使用 Git，那么这本书就是一个正确的选择。本书既不是那种偏重于理论的大部头，也不是一本面面俱到的参考书。我们并不打算解释所有的 Git 命令（这里可有 100 多条命令呢）及其全部选项（有些命令甚至有 50 多个选项）。相反，我们打算在这本书中教你如何在典型的项目环境中使用 Git，例如，如何建立起一个 Git 项目、如何创建一个 Git 发行版等。

本书相关内容

你将在本书中看到以下内容。

- **入门教程**：这部分会重点演示每一个重要 Git 命令的用法，篇幅不会超过十几页。

- **技术介绍**：在这部分不足百页的篇幅中，你将要学习如何使用 Git 处理一个团队开发中的各项事务。我们将会用大量的实例为你演示那些主要 Git 命令的使用方式。此外我们还会为你解释其中的基本概念，例如提交、版本库、分支、合并、重订等，以帮助你了解 Git 的具体工作方式。在这个过程中，你还会不时地看到一些相关的提示与技巧，你可能未必每天都会用到这些技巧，但它们有时还是会非常有用的。

● **工作流**：这里的工作流主要指的是你在项目中使用 Git 的实用场景，例如创建一个项目的发行版等。而对于每个工作流，我们会从以下几项未来描述其目标场景。

　　■　解决的是什么问题。

　　■　需要增加什么必要条件。

　　■　解决问题的人以及解决的时间。

● **"解决方案选用理由"部分**：每个工作流中通常都只能有一个具体的解决方案。在 Git 中，经常会存在着多个非常不同的解决路径，这些路径都可以让我们达成相同的目标。在每一个工作流章节的最后一部分中，我们都会详细解释为什么要选用眼下这个解决方案。另外。我们还会提一下相关的可变因素，以及我们因此可能采取的替代方案。

● **"分步"指令**：这是一组常用命令序列，例如像移动某个分支就属于一条既定的"分步"指令。

为什么要用工作流

Git 非常灵活。可为多种不同的角色所用，从偶尔需要版本化少量 shell 脚本的单一系统管理员，到 Linux 内核项目中的上百个开发人员，一切皆有可能。当然，这种灵活性不是没有代价的。在开始用 Git 来开展工作之前，你还必须要做一组决定。例如以下几种。

● Git 中固然已经是分布式版本库。但你是真的打算只在本地工作，还是更愿意建立一个中央版本库？

● Git 支持 **push** 和 **pull** 两种数据传输类型，但我们需要同时使用它们吗？如果让你选，你会选哪一个？为什么不是另一个？

● 分支与合并是 Git 中两个强大的功能。但是，我们应该开多少个分支呢？是根据每个软件功能来开？还是针对每个发行版来开？还是只该有一个分支？

为了便于入门，下面我们来总结一下工作流及其作用。

● 工作流指的是相关项目的日常操作规程。

- 工作流会给出具体的步骤。

- 工作流会显示必要的命令和选项。

- 工作流非常适用于密切的团队合作，而目前的这些现代软件项目通常就出自这样的合作。

- 一些工作流可能并不是目标问题唯一正确的解决方案，但它们是一个很好的起点，我们可以从中为自己的项目开发出高效的工作流。

我们之所以会重点介绍商业项目中敏捷开发团队的工作，是因为我们相信目前许多专业开发者（包括作者）都处于这样的工作环境中。当然，这里并不包括那些具有特殊要求的大型项目，因为这些项目通常有着很夸张的工作流，而且我们相信这些也不是大多数开发者会感兴趣的项目。另外，这里也不包括那些开源项目的开发，虽然这些项目也可以用 Git 规划出一个很有意思的工作流。

阅读提示

作为作者，我们显然会希望读者能从头到尾阅读完这本书。但我们还是现实一点吧！你们会有时间阅读它吗？哪怕只阅读几页？恐怕你们的项目正如火如荼地进行着，Git 的使用可能仅仅是你此刻要处理的上百个问题中的一个而已。因此，尽管我们在这本书上似乎倾注了一切的努力，但人们还是可能会忽略它的存在，但以下几件事值得你们考虑一下。

是否要阅读一下那些介绍性章节，了解一下工作流？

如果你之前不了解 Git 的相关知识，那么答案是肯定。你应该必须要掌握那些基本命令及其使用原则，如此才能正确地使用工作流。

已经有 Git 使用经验的读者，可以跳过哪些章节呢？

我们在每个介绍性章节（第 1~11 章）的最后一页上都会对该章的内容做一个小结。你可以根据这些小结非常迅速地判断这一章是否有新的内容仍需要了解，或者是否要直接跳过整章内容。另外，对于以下章节，你也可以选择跳过，因为它们只与部分工作流有些关联。

- 第 5 章　版本库

- 第 8 章　通过变基净化历史

- 第 10 章　版本标签

■ 第 11 章 版本库之间的依赖

可以去哪里查找所需内容

■ 分步指令。

■ 命令及其选项：例如，如果你想知道相关命令有什么功能，有什么选项可用，可以去看看本书的索引部分，在那里，我们列出了几乎所有的命令及其选项。

■ 技术术语：同样地，你也可以在索引中找到本书中所涉及的全部术语。

示例及其表示

这本书中，我们会在许多例子中使用命令行来进行说明。但这并不意味着 Git 没有图形界面可用。事实上，我们已经有了两个基于图形界面（Graphical User Interface，GUI）的 Git 应用程序。并且除此之外，我们也还有很多好用的 Git 前端程序，下面就是其中的一部分。

■ Atlassian SourceTree（http://www.sourcetreeapp.com）。

■ TortoiseGit（http://code.google.com/p/tortoisegit）。

■ SmartGit（http://www.syntevo.com/smartgit）。

■ GitX（http://gitx.frim.nl）。

■ Git Extensions（http://code.google.com/p/gitextensions）。

■ tig（http://jonas.nitro.dk/tig）。

■ qgit（http://sourceforge.net/projects/qgit ）。

■ 内置 Git 的开发环境，例如 IntelliJ8（http://www.jetbrains.com/idea）和 Xcode 4（http://developer.apple.com/ technologies/tools）。

■ 整合型开发环境中的 Git 插件，例如 Eclipse 中的 Egit（http://eclipse.org/egit）、NetBeans 中的 NBGit（http://nbgit.org）以及 Visual STUDIO 中的 Git Extensions （http://code.google.com/p/gitextensions）。

但尽管如此，我们还是决定在实例演示中使用命令行，理由如下所示。

■ Git 命令行适用于所有平台。

■ 这些示例在 Git 的未来版本中也将同样可用。

■ 因此，它们可以用来表示非常紧凑的工作流。

■ 我们也相信对于许多应用来说，命令行是其最有效的工作方式。

在本书的这些例子中，我们主要使用的是 Linux 和 Mac OS 系统中标准的 bash shell 环境。而在 Windows 中，你也可以选择使用 "Git Bash" 环境（这其实是 msysgit 的一个组件，后者是 Windows 下的一个 Git 应用程序，你可以去 http://msysgit.github.io 下载它）或 cygwin。

在本书中，我们通常会这样表示一个命令行调用：

```
> git commit
```

有趣的是，我们还得表示来自 Git 的响应信息：

```
> git --version
git version 1.8.3.4
```

致谢

回顾整个创作过程，我们自己也很惊讶有那么多人以各种方式为这本书的诞生做出了贡献。我们应该要感谢他们所做的一切，因为如果没有他们，这本书不会有目前的样子。

我们首先要感谢 Anke、Jan、Elke 和 Annika，大概现在谁也不记得我们手底下没有笔记本的样子了。

接下来，还要感谢我们在 dpunkt 出版社的友好团队，是他们出版了这本书的原始版本（即德语版），尤其是 Vanessa Wittmer、Nadine Thiele 和 Ursula Zimpfer 这 3 位编辑。另外，我们还要特别感谢 René Schonfeldt、Maurice Kowalski、Jochen Schlosser、Oliver Zeigermann、 Ralf Degner、Michael Schulze-Ruhfus、另外还有六七个匿名审稿人，他们提供了许多有价值的反馈，这帮我们更好的完成了这本书。

站在巨人的肩膀上

当然，我们还要特别感谢 Linus Torvalds、Junio C. Hamano 以及 Git 项目的众多提交者，是他们给开发者社区带来了这个奇妙的工具。

目　录

第1章
基本概念

在本章中，我们将介绍一个分布式版本控制系统的设计思路，以及它与集中式版本控制系统的不同之处。除此之外，我们还将带你了解分布式版本库的具体工作方式，以及为什么我们会说，在 Git 中创建分支和合并分支不是个大不了的问题。

1.1 分布式版本控制，有何过人之处

在具体探讨分布式版本控制的概念之前，让我们先来快速回顾一下传统的集中式版本控制架构。

图 1.1 中所显示的就是一个集中式版本控制系统（例如 CVS 或 Subversion）的典型布局。每个开发者都在他或她自己的计算机上有一个包含所有项目文件的工作目录（即工作区）。当该开发者在本地做了修改之后，他或她就会定期将修改提交给某台中央服务器。然后，开发者在执行更新操作的同时也会从该服务器上捡取出其他开发者所做的修改。这台中央服务器上存储着这些文件（即版本库）的当前版本和历史版本。因此，这些被并行开发的分支，以及各种被命名（标记）的版本都将会被集中管理。

而在分布式版本控制系统（见图 1.2）中，开发者环境与服务器环境之间是没有分隔的。每一个开发者都同时拥有一个用于当前文件操作的工作区与一个用于存储该项目所有版本、分支以及标签的本地版本库（我们称其为一份克隆）。每个开发者的修改都会被载入成一次次的新版本提交(commit)，首先提交到其本地版本库中。然后，其他开发者就会立即看到新的版本。通过推送（push）和拉回（pull）命令，我们可以将这些修改从一个版本库传送到另一个版本库中。这样一来，从技术上来看，这里所有的版本库在分布式架构上的地位是同等的。因此从理论上来讲，我们不再需要借助服务器，就可以将某一台开发工作机上所做的所有修改直接传送给另一开发工作机。当然在具体实践中，Git 中的服务器版本库也扮演了重要的角

色，例如以下这些特型版本库。

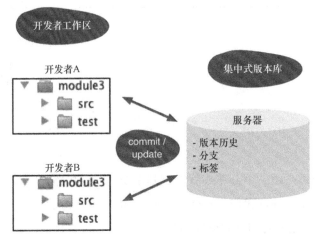

图 1.1　集中式版本控制

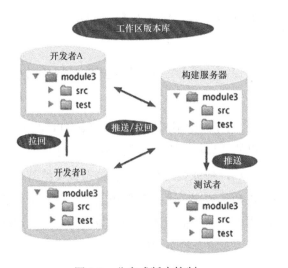

图 1.2　分布式版本控制

- **项目版本库（blessed repository）**：该版本库主要用于存储由"官方"创建并发行的版本。

- **共享版本库（shared repository）**：该版本库主要用于开发团队内人员之间的文件交换。在小型项目中，项目版本库本身就可以胜任这一角色了。但在多点开发的条件下，我们可能就会需要几个这样的专用版本库。

- **工作流版本库（workflow repository）**：工作流版本库通常只用于填充那些代表工作流中某种特定进展状态的修改，例如审核通过后的状态等。

- **派生版本库（fork repository）**：该版本库主要用于从开发主线分离出某部分内容（例如，分离出那些开发耗时较长，不适合在一个普通发布周期中完成的内容），或者隔离出可能永远不会被包含在主线中的、用于实验的那部分开发进展。

下面，我们再来看看分布式系统相对于集中式的优点有哪些。

- **高性能**：几乎所有的操作都无需进行网络访问，均可直接在本地执行。

- **高效的工作方式**：开发者可通过多个本地分支在不同任务之间进行快速切换。

- **离线功能**：开发者可以在没有服务器连接的情况下执行提交、创建分支、版本标签等操作。之后再将其上传服务器。

- **灵活的开发进程**：我们可以在团队和公司中为其他部门建立专用的版本库，例如为方便与测试人员交流而建的版本库。这样相关修改就很容易发布，因为只是特定版本库上的一次推送。

- **备份作用**：由于每个开发者都持有一份拥有完整历史版本的版本库副本，所以因服务器故障而导致数据丢失的可能性是微乎其微的。

- **可维护性**：对于那些难以对付的重构工作，我们可以在将成功传送给其原始版本库之前，先在该版本库的副本上尝试一下。

1.2　版本库，分布式工作的基础所在

其实，版本库本质上就是一个高效的数据存储结构而已，由以下部分组成。

- **文件（即 blob）**：这里既包含了文本也包含了二进制数据，这些数据将不以文件名的形式被保存。

- **目录（即 Tree）**：目录中保存的是与文件名相关联的内容，其中也会包含其他目录。

- **版本（即 commit）**：每一个版本所定义的都是相应目录的某个可恢复的状态。每当我们创建一个新的版本时，其作者、时间、注释以及其之前的版本都将会被保存下来。

对于所有的数据，它们都会被计算成一个十六进制散列值（例如像 1632acb65b01c6b621d6e1105205773931bb1a41 这样的值）。这个散列值将会被用作相关对象的引用，以及日后恢复数据时所需的键值（见图 1.3）。

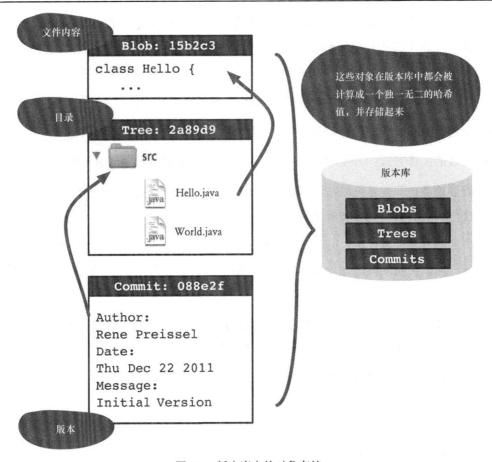

图 1.3　版本库中的对象存储

也就是说，一个提交对象的散列值实际上就是它的"版本号"，如果我们持有某一提交的散列值，就可以用它来检查对应版本是否存在于某一版本库中。如果存在，我们就可以将其恢复到当前工作区相应的目录中。如果该版本不存在，我们也可以从其他版本库中单独导入（拉回）该提交所引用的全部对象。

接下来，我们来看看采用这种散列值和这种既定的版本库结构究竟有哪些优势。

● **高性能**：通过散列值来访问数据是非常快的。

● **冗余度——释放存储空间**：相同的文件内容只需存储一次即可。

● **分布式版本号**：由于相关散列值是根据文件，作者和日期来计算的，所以版本也可以"离线"产生，不用担心将来会因此而发生版本冲突。

● **版本库间的高效同步**：当我们将某一提交从一个版本库传递给另一个版本库时，只需要传送那些目标版本库中不存在的对象即可。而正是因为有了散列值的帮助，我们才能很快地判断相关对象是否已经存在。

- **数据完整性**：由于散列值是根据数据的内容来计算的，所以我们可以随时通过 Git 来查看某一散列值是否与相关数据匹配。以检测该数据上可能的意外变化或恶意操作。

- **自动重命名检测**：被重命名的文件可以被自动检测到，因为根据该文件内容计算出的散列值并没有发生变化。也正因为如此，Git 中并没有专用的重命名命令，只需移动命令即可。

1.3 分支的创建与合并很简单

对于大多数版本控制系统来说，分支的创建与合并通常会因其特殊性而被认为是高级拓展操作。但由于 Git 最初就是为了方便那些散落在世界各地的 Linux 内核开发者而创建的，合并多方努力的结果一直都是其面临的最大挑战之一，所以 Git 的设计目标之一就是要让分支的创建与合并操作变得尽可能地简单且安全。

在下面的图 1.4 中，我们向你展示了开发者是如何通过创建分支的方式来进行并行开发的。图中的每一个点都代表了该项目的一个版本（即 commit）。而由于在 Git 中，我们只能对整个项目进行版本化，所以每个点同时也代表了属于同一版本的各个文件。

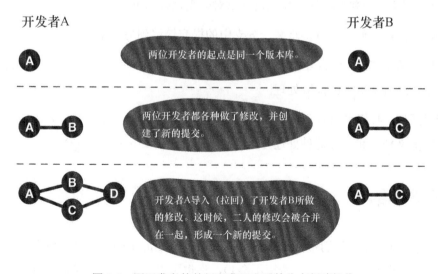

图 1.4 因开发者的并行开发而出现的分支创建操作

如上所示，图中两位开发者的起点是同一个版本。之后两人各自做了修改，并提交了修改。这时候，对于这两位开发者各自的版本库来说，该项目已经有了两个不同的版本。也就是说，他们在这里创建了两个分支。接下来，如果其中一个开发者想要导入另一个人的修改，他/她就可以用 Git 来进行版本合并。如果合并成功了，Git 就会创建一个合并提交，其中会包含两位开发者所做的修改。这时如果另一位开发者也取回了这一提交，两位开发者的项目就又回到了同一个版本。

在上面的例子中，分支的创建是非计划性的，其原因仅仅是两个开发者在并行开发同一个软件罢了。在 Git 中，我们当然也可以开启有针对性的分支，即显式地创建一个分支（见图 1.5）。显式分支通常主要用于协调某一种功能性的并行开发。

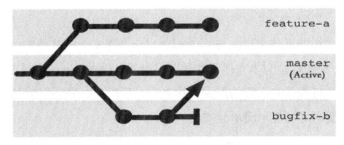

图 1.5　针对不同任务的显式分支

版本库在执行拉回和推送操作时，可以具体指定其针对的是哪一些分支。当然，除了这些简单的分支创建和合并处理外，我们也可以对分支执行以下动作。

- **移植分支**：我们可以直接将某一分支中的提交转移到另一个版本库中。

- **只传送特定修改**：我们可以将某一分支中的某一次或某几次提交直接复制到另一个分支中。这就是所谓的捡取处理。

- **清理历史**：我们可以对分支历史进行改造、排序和删除。这有利于为该项目建立更好的历史文档。我们称这种处理为交互式重订（interactive rebasing）。

1.4　本章小结

在阅读完本章之后，我们希望你现在基本上熟悉了 Git 中的这些基本概念。也就是说，即使你现在放下了这本书（当然，希望不会！），你也可以参加与分布式版本控制系统有关的讨论，阐述其中使用散列值的必要性和实用性，介绍 Git 中的分支创建与合并操作了。

当然，你可能还会有以下疑问。

- 我们应该如何利用这些基本概念来管理项目呢？

- 我们应该如何协调多个版本库呢？

- 我们究竟需要多少分支呢？

- 我们应该如何整合自己的构建服务器呢？

对于第一个问题，你可以继续阅读下一章内容。在下一章中，你将会看到那些具体用于创建版本库、版本以及版本库之间更替提交的命令。至于其他问题，你也可以参考详细介绍工作流的那些章节。

另外，如果你是一个繁忙的项目管理者，还在犹豫不决是否要采用 Git。我们会建议你再看看关于 Git 的局限性的的讨论，请参见第 26 章。

第 2 章
入门

如果你想试着用一下 Git 的话，那么我们马上就可以开始了。本章将会带领你创建自己的第一个项目。我们会为你演示那些用于提交修改版本、查看历史和与其他开发者交换版本的命令。

2.1 准备 Git 环境

首先，我们需要安装好 Git。你可以在 Git 的官网上找到你所需要的一切：

```
http://git-scm.com/download
```

Git 是一个高可配置软件。首先，我们可以宣布用 **config** 命令配置一下用户名和用户邮箱：[①]

```
> git config --global user.email "hans@mustermann.de"
```

2.2 第一个 Git 项目

在这里，我们建议你最好能为接下来的 Git 测试单独开辟一个项目。总之应先从一个简单的小项目开始。在我们这个小小的示例项目中，**first-steps** 目录下只有两个文本文件，如图 2.1 所示。

图 2.1　我们的示例项目

---

① 译者注：示例中似乎少了用户名的部分：git config --global user.name "Hans"

在开始摆弄这个玩具项目之前，我们建议你最好先做一个备份！尽管在 Git 中，想要造成永久性的删除或破坏也不是件容易的事情，而且每当你要做某些"危险"动作的时候，Git 通常也会发出相应的警告消息。但是，有备无患总是好的。

2.2.1 创建版本库

现在，我们首先需要创建一个版本库，用于存储该项目本身及其历史。为此，我们需要在该项目目录中使用 **init** 命令。对于一个带版本库的项目目录，我们通常称之为工作区。

```
> cd /projects/first-steps
> git init
Initialized empty Git repository in /projects/first-steps/.git/
```

init 命令会在上述目录中创建一个名为.git 的隐藏目录，并在其中创建一个版本库。但请注意，该目录在 Windows 资源管理器或 Mac Finder 中可能是不可见的。

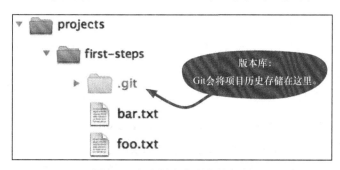

图 2.2　本地版本库所在的目录

2.2.2 首次提交

接下来，我们需要将 **foo.txt** 和 **bar.txt** 这两个文件添加到版本库中去。在 Git 中，我们通常将项目的一个版本称之为一次提交，但这要分两个步骤来实现。第一步，我们要先用 **add** 命令来确定哪些文件应被包含在下次提交中。第二步，再用 **commit** 命令将修改传送到版本库中，并赋予该提交一个散列值以便标识这次新提交。在这里，我们的散列值为 2f43cd0，但可能会有所不同，因为该值取决于文件内容。

```
> git add foo.txt bar.txt
> git commit --message "Sample project imported."
master (root-commit) 2f43cd0] Sample project imported.
2 files changed, 2 insertions(+), 0 deletions(-)
create mode 100644 bar.txt
create mode 100644 foo.txt
```

2.2.3 检查状态

现在，我们来修改一下 **foo.txt** 文件的内容，先删除 **bar.txt** 文件，再添加一个名为 **bar.html** 的新文件。然后，**status** 命令就会显示出该项目自上次提交以来所发生的所有修改。请注意，新文件 **bar.html** 在这里被标示成了未跟踪状态，这是因为我们还没有用 **add** 命令将其注册到版本库。

```
> git status

# On branch master
# Changed but not updated:
# (use "git add/rm <file>..." to update what will be committed)
# (use "git checkout -- <file>..." to discard changes in
#                                         working directory)
#
#     deleted:   bar.txt
#     modified:  foo.txt
#
# Untracked files:
# (use "git add <file>..." to include in what will be committed)
#
#     bar.html
no changes added to commit (use "git add" and/or "git commit -a")
```

如果我们还想看到更多细节性的内容，也可以通过 **diff** 命令来显示其每个被修改的行。当然。有很多人可能会觉得 **diff** 的输出是个非常难读的东西。幸运的是，在这一领域，我们有许多工具和开发环境可用，它们可以将这一切显示得更为清晰（见图 2.3）。

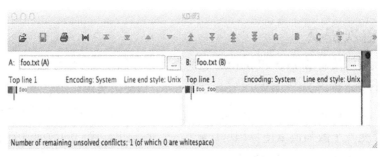

图 2.3 图形工具（kdiff3）中的 Diff 报告

```
> git diff foo.txt
diff --git a/foo.txt b/foo.txt
index 1910281..090387f 100644
--- a/foo.txt
+++ b/foo.txt
@@ -1 +1 @@
```

```
-foo
\ No newline at end of file
+foo foo
\ No newline at end of file
```

2.2.4 提交修改

接下来，所有的修改都必须要先被归档成一次新的提交。我们要对修改过的文件和新文件执行 **add** 命令，并对要删除的文件使用 **rm** 命令。

```
> git add foo.txt bar.html
> git rm bar.txt
rm 'bar.txt'
```

现在再次调用 **status** 命令，我们会看到所有的修改已经被纳入了下一次提交中。

```
> git status
# On branch master
# Changes to be committed:
#   (use "git reset HEAD <file>..." to unstage)
#
#       new file:   bar.html
#       deleted:    bar.txt
#       modified:   foo.txt
#
```

然后用 **commit** 命令提交这些修改。

```
> git commit --message "Some changes."

[master 7ac0f38] Some changes.

3 files changed, 2 insertions(+), 2 deletions(-)
create mode 100644 bar.html
delete mode 100644 bar.txt
```

2.2.5 显示历史

log 命令可用来显示项目的历史，所有提交都会按时间顺序被降序排列出来。

```
> git log

commit 7ac0f38f575a60940ec93c98de11966d784e9e4f
Author: Rene Preissel <rp@eToSquare.de>
Date: Thu Dec 2 09:52:25 2010 +0100

    Some changes.

commit 2f43cd047baadc1b52a8367b7cad2cb63bca05b7
Author: Rene Preissel <rp@eToSquare.de>
```

```
Date: Thu Dec 2 09:44:24 2010 +0100

    Sample project imported.
```

2.3 Git 的协作功能

现在，我们已经有了一个存放项目文件的工作区，以及一个存放项目历史的版本库。在一个像 CVS 和 Subversion 这样传统的集中式版本系统中，尽管每个开发者也都有属于他/她自己的工作区，但所有人都共享了一个通用的版本库。而在 Git 中，每个开发者拥有的是一个属于他/她自己的、自带独立版本库的工作区，因此这已经是一个不依赖于中央服务器的、完整的版本控制系统了。开发者们可以通过交换各自版本库中的提交来实现项目合作。下面我们就来做个试验，先创建一个新的工作区，以便我们模拟第二位开发者的活动。

2.3.1 克隆版本库

我们的这位新开发者首先要有一个属于他/她自己的版本库副本（也称为克隆体）。该副本中包含了所有的原始信息与整个项目的历史信息。下面。我们用 clone 命令来创建一个克隆体。

```
> git clone /projects/first-steps /projects/first-steps-clone
Cloning into first-steps-clone...
done.
```

现在，该项目结构如图 2.4 所示。

图 2.4　样例项目与它的克隆体

2.3.2 从另一版本库中获取修改

下面，我们来修改一下 **first-steps/foo.txt** 文件，并执行以下操作来创建一次新提交。

```
> cd /projects/first-steps
> git add foo.txt
> git commit --message "A change in the original."
```

现在，新的提交已经被存入了我们原来的 **first-steps** 版本库中，但其克隆版本库（first-stepsclone）中依然缺失这次提交。为了让你更好地理解这一情况，我们来看一下 **first-steps** 的日志。

```
> git log --oneline
a662055 A change in the original.
7ac0f38 Some changes.
2f43cd0 Sample project imported.
```

在接下来的步骤中，我们再来修改克隆版本库中的 **first-steps-clone/bar.html** 文件，并执行以下操作。

```
> cd /projects/first-steps-clone
> git add bar.html
> git commit --message "A change in the clone."
> git log --oneline
1fcc06a A change in the clone.
7ac0f38 Some changes.
2f43cd0 Sample project imported.
```

现在，我们在两个版本库中各做了一次新的提交。接下来，我们要用 **pull** 命令将原版本库中的新提交传递给它的克隆体。由于之前我们在创建克隆版本库时，原版本库的路径就已经被存储在了它的克隆体中，因此 **pull** 命令知道该从哪里去取回新的提交。

```
> cd /projects/first-steps-clone

> git pull

remote: Counting objects: 5, done.
remote: Compressing objects: 100% (2/2), done.
remote: Total 3 (delta 0), reused 0 (delta 0)
Unpacking objects: 100% (3/3), done.
From /projects/first-steps
   7ac0f38..a662055 master -> origin/master
Merge made by recursive.
foo.txt |    2 +-
1 files changed, 1 insertions(+), 1 deletions(-)
```

如上所示，**pull** 命令从原版本库中取回了新的修改，将它们与克隆体中的本地修改进行了对比，并在工作区中合并了两边的修改，创建了一次新的提交。这个过程就是所谓的合并（merge）。

请注意！合并过程在某些情况下可能会带来冲突。一旦遇到了这种情况，Git 中就不能进

行自动化的版本合并了。在这种情况下，我们就必须要手动清理一些文件，然后再确认要提
交哪些修改。

在拉回（pull）、合并(merge)的过程完成之后，我们可以用一个新的 log 命令来查看结果。
这次是日志的图形化版本。

```
> git log --graph
9e7d7b9 Merge branch 'master' of /projects/first-steps
*
|\
| * a662055 A change in the original.
* | 1fcc06a A change in the clone.
|/
* 7ac0f38 Some changes.
* 2f43cd0 Sample project imported.
```

这一次，历史记录不再是一条直线了。在上面的日志中，我们可以很清晰地看到并行开
发的过程（即中间的两次提交），以及之后用于合并分支的那次合并提交（即顶部的那次提交）。

2.3.3　从任意版本库中取回修改

在没有参数的情况下，**pull** 命令只在克隆版本库中能发挥作用，因为只有该克隆体中有
默认的原版本库的连接。当我们执行 **pull** 操作时，也可以用参数来指定任意版本库的路径，
以便从某一特定开发分支中提取相关修改。

现在，让我们将克隆体中的修改 **pull** 到原版本库中吧。

```
> cd /projects/first-steps
> git pull /projects/first-steps-clone master
remote: Counting objects: 8, done.
remote: Compressing objects: 100% (4/4), done.
remote: Total 5 (delta 0), reused 0 (delta 0)
Unpacking objects: 100% (5/5), done.
From /projects/first-steps-clone
 * branch            master → FETCH_HEAD
Updating a662055..9e7d7b9
Fast-forward
bar.html |    2 +-
1 files changed, 1 insertions(+), 1 deletions(-)
```

2.3.4　创建共享版本库

除了可以用 **pull** 命令从其他版本库中取回相关提交外，我们也可以用 **push** 命令将提交

传送给其他版本库。只不过，**push** 命令只适用于那些没有开发者在上面开展具体工作的版本库。最好的方法就是创建一个不带工作区的版本库，我们称之为裸版本库（bare repository）。你可以使用 **clone** 命令的**--bare** 选项来创建一个裸版本库。裸版本库通常可被用来充当开发者们传递提交（使用 **push** 命令）的汇聚点，以便其他人可以从中拉回他们所做的修改。下面我们来看一个裸版本库（见图 2.5）。

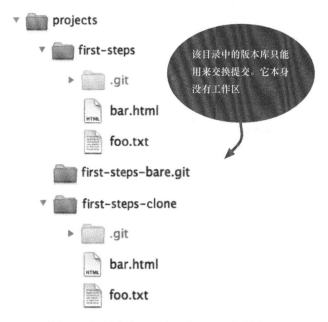

图 2.5　裸版本库（一个没有工作区的版本库）

```
> git clone --bare /projects/first-steps
                   /projects/first-steps-bare.git
Cloning into bare repository first-steps-bare.git...
done.
```

2.3.5　用 push 命令上载修改

为了演示 **push** 命令的使用，我们需要再次修改一下 **firststeps/foo.txt** 文件，并执行以下操作来创建一次新的提交。

```
> cd /projects/first-steps
> git add foo.txt
> git commit --message "More changes in the original."
```

接下来，我们就可以用 **push** 命令向共享版本库传送该提交了（见图 2.6）。该指令的参数要求与 **pull** 命令相同，我们需要指定目标版本库的路径及其分支。

```
> git push /projects/first-steps-bare.git master
Counting objects: 5, done.
Delta compression using up to 2 threads.
Compressing objects: 100% (2/2), done.
Writing objects: 100% (3/3), 293 bytes, done.
Total 3 (delta 0), reused 0 (delta 0)
Unpacking objects: 100% (3/3), done.
To /projects/first-steps-bare.git/
    9e7d7b9..7e7e589 master -> master
```

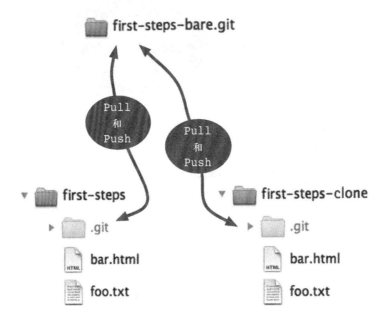

图 2.6　经由共享版本库来进行版本共享

2.3.6　Pull 命令：取回修改

现在，为了让克隆版本库也得到相应的修改，我们需要在执行 **pull** 命令时配置参数指向共享版本库的路径参数。

```
> cd /projects/first-steps-clone

> git pull /projects/first-steps-bare.git master

remote: Counting objects: 5, done.
remote: Compressing objects: 100% (2/2), done.
remote: Total 3 (delta 0), reused 0 (delta 0)
Unpacking objects: 100% (3/3), done.
From ../first-steps-bare
```

```
 * branch        master      -> FETCH_HEAD
Updating 9e7d7b9..7e7e589
Fast-forward
 foo.txt |    2 +-
 1 files changed, 1 insertions(+), 1 deletions(-)
```

　　请注意！如果另一个开发者在我们之前已经做过一次 **push** 操作，此次 **push** 命令就会被拒绝传送提交。这时候，我们必须要先做一次 **pull** 操作，将其他人新上载的更新取回，并在本地合并。

2.4　本章小结

- **工作区与版本库**：工作区是一个包含 .git 子目录（内含版本库）中的目录。我们可以用 **init** 命令在当前目录中创建版本库。

- **版本提交**：一次版本提交通常定义了版本库中所有文件的一个版本，它详细说明了该版本是由何人在何时何地创建的。当然，我们需要用 **add** 命令来确定哪些文件将被纳入下一次提交，然后再用 **commit** 命令创建新的版本提交。

- **查看信息**：通过 **status** 命令，我们可以查看哪些文件已被本地修改，以及哪些修改将被纳入下次提交。另外，**log** 命令可用来显示提交历史。**diff** 命令可用来显示两个版本文件之间的差异。

- **克隆**：对于用 **clone** 命令创建某一个版本库的副本，我们称之为该版本库的克隆体。在一般情况下，每个开发者都会拥有整个项目版本库的完整克隆体，他/她的工作区中将会包含完整的项目历史。这使他们可以各自独立开展工作，无需连接服务器。

- **推送与拉回**：**push** 与 **pull** 命令可用于在本地和远程版本库之间共享版本提交。

第 3 章
提交究竟是什么

在 Git 中，提交无疑是最重要的概念了。Git 管理的是软件版本，而版本库中的版本是以提交的形式保存的。某一次的提交的覆盖范围通常是整个项目，即通过一次提交，该项目中的每个文件就都被存进了版本库中。

下面，我们可以通过 **git log --stat -1** 命令来看一下提交中究竟包含了哪些重要信息，其摘要如图 3.1 所示。

```
commit 9acc5d5efec1d2d62f7e98bcc3880cda762cb831
Author: Bjørn Stachmann <bstachmann@yahoo.de>
Date:   Sat Dec 18 18:20:45 2010 +0100

    Section about the commit.

book/commits/commits.tex | 28 ++++++++++++++++++++++++---
1 files changed, 25 insertions(+), 3 deletions(-)
```

图 3.1　提交中包含的相关信息

如上所示，这段信息的第一行显示的是该提交的散列值 9acc5d5e... cb831，紧随其后的是与作者相关的信息、该提交被创建的时间以及相应的注释信息。最后部分所说明的是哪些文件自上一版本以来发生了变化。当然，这段摘要也有一些信息没有显示：即提交中不止包含了被修改了的文件 commits.tex，它还包含了该项目的所有文件。针对每次提交，Git 都会为其计算一个由 40 个字符组成的唯一编码，我们称之为提交散列值（commit hash）。只要知道这个散列值，我们就可以将项目中的文件从版本库中恢复到该提交被创建的那个时间点上。在 Git 中，恢复到某一版本通常被称之为检出（checkout）操作。

3.1　访问权限与时间戳

Git 会保存每个文件原有的访问权限（即 POSIX 文件权限，包含读、写、执行 3 种权限），但不会保留文件的修改时间。因此在执行检出操作时，文件的修改时间会被设置为当前时间。

为什么不保存修改时间呢？这主要是因为，如今的许多构建工具的重新生成项目动作都是靠这些文件的修改时间来触发的，即如果最后一次修改晚于我们最后一次构建的结果，我们就进行一次新的建构过程。由于 Git 在进行检出操作时总是用当前时间来充当文件的修改时间，所以就能确保这些工具正确、顺畅地完成整个构建过程。

3.2 add 命令与 commit 命令

通常，提交中会包含当前所有的修改，既有新增的文件也有被删除的文件。唯一例外的是在 **.gitignore** 文件中列出的那些文件（我们会在第 4 章中详细讨论 **.gitignore**）。

按部就班：一次提交所有修改

我们可以分 add 命令和 commit 命令这两步来创建一次提交。

1. 注册修改

我们可以用 add 命令来进行注册，将所做的修改纳入下次提交。在这里，你可以使用 -all 参数，这表示我们会将所有修改都纳入在内。

```
> git add --all
```
2. 创建提交

现在可以创建一次新的提交了。
```
> git commit
```

3.3 再谈提交散列值

乍看之下，40 个字符的提交散列值的确有点长。毕竟，其他版本控制系统使用的都是简单的序列数（例如 Subversion）或像 1：17 这样的版本名词（例如 CVS）。

但是，Git 的开发者选择了散列值这种形式也是有其充分理由的。

● 这样的提交散列值可以在本地生成。我们无需与其他计算机或中央服务器进行通信，就可以随时随地创建新的提交。而且，由于提交散列值是根据文件内容及其元数据（即作者、提交时间）计算出来的，因此两次不同的修改会得到相同提交散列值的概率是非常低的。毕竟，这里要面对的是 2^{160} 种不同的值呢。

- 甚至更为重要的是，提交散列值中的信息要比单纯一个软件版本的名称要多得多。这也是该软件版本的汇总信息。正因为如此，我们才能通过 Git 的 fsck 命令来查看版本库的完整性。如果其内容与相应的散列值不匹配，我们就得到如下错误报告。

```
> git fsck
error: sha1 mismatch 2b6c746e5e20a64032bac627f2729f72a9cba4ee
error: 2b6c746e5e20a64032bac627f2729f72a9cba4ee:
object corrupt or missing
```

当然，我们也可以在指定某个提交散列值时采用缩写形式。大致上只要指定几个足以识别该提交的字符就可以了。但如果指定的字符太少，Git 还是会报错的。

```
> git checkout 9acc5d5efec1d2d62f7e98bcc3880cda762cb831
```

```
> git checkout 9acc
```

另外，我们也可以为某个提交起一个有意义的名称（例如 **release-1.2.3**）。这就是所谓的标记。

```
> git checkout release-1.2.3
```

3.4　提交历史

版本库中所包含的并不仅仅是一个个独立的提交，它同时也存储了这些提交之间的关系。每当我们修改了软件并确认提交时，Git 就会记下这个提交之前的版本。这些提交会形成一个关系图，该图反映了整个项目的开发过程（见图 3.2）。

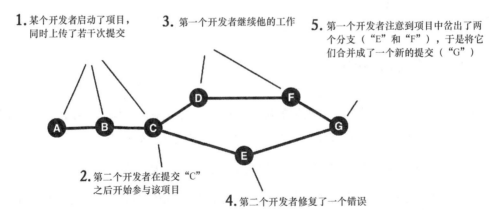

图 3.2　提交历史

有趣的是，每当有多个开发者同时在开发一款软件时，其中的分支在创建时会如提交关系图中的 C 处这般开始，随后又会如 G 处那样被合并。

3.5 一种略有不同的提交查看方法

我们可以将一次提交看成一个已被冻结的版本层次，但也可以将其视为自上一次提交以来项目中所纳入的一组修改。当然，我们也可以将它说成是一种差异集或一组修改。所以版本库实质上也是一部项目的修改历史。

按部就班：提交之间的差异比较

通过 diff 命令，我们可以比较出两次提交之间的差异。

a. 两次提交

两次提交之间可以有一份完整的差异清单。我们在不用提交散列值的情况下，靠指定相关特定的符号名称（例如分支、标签、HEAD 等）也能获取到它。

```
> git diff 77d231f HEAD
```

b. 与上一次提交进行比较

通过在 diff 命令中使用^!，我们可以比较当前提交与上一次提交之间的差异。

```
> git diff 77d231f^!
```

c. 限制文件范围

我们还可以限制只显示哪些文件或目录之间的差异。

```
> git diff 77d231f 05bcfd1 - book/bisection/
```

d. 统计修改情况

或者我们可以通过--stat 选项来显示每个文件中的修改数量。

```
> git diff --stat 77d231f 05bcfd1
```

3.6 同一项目的多部不同历史

首先，我们需要适应 Git 的分布式架构。在（像 CVS、Subversion 这样的）集中式版本控制系统中，通常会存在一个用于存储项目历史的中央服务器。但在 Git 中，每个开发者都有一个（有时是多个）属于自己的版本库克隆体。当开发者创建提交时，通常是在本地完成这一动作的。而自此之后，他的版本库就有了一部不同于其他开发者版本库的历史，尽管这些人所克隆的是同一个项目。

这样一来，每个版本库都有一个属于它自己的故事。这些版本库之间可以通过 **fetch**、**pull**

以及 **push** 命令来共享彼此的提交。除此之外，你也可以用 **merge** 命令将这些不同的历史重新合并在一起。

在许多项目中，我们通常会有一个用于存储官方历史的版本库（它通常位于项目服务器上），我们称该版本库为项目版本库（blessed repository）。但这仅仅是一个习惯做法而已，单纯从技术角度来看的话，该项目的所有克隆体都是平等的。例如，如果主版本库被破坏了，它的另一个克隆体同样可以胜任它的工作。

当然，一个规模非常大的项目可以会被分布在多个版本库中。在这种情况下，我们通常会有一个主版本库，该版本库中会依次存储其各个子项目的版本库，这些版本库通常称为子模块（submodule）。

按部就班：显示提交历史

我们可以用 log 命令来显示提交历史。

a. 简单的日志输出

```
> git log
commit 2753f19072d332dc550f5ec0612a4486ffe3ab4a
Author: Bjørn Stachmann <bstachmann@yahoo.de>
Date:   Sat Dec 25 11:30:32 2010 +0100
    TODO indented for illustration.

commit e0ffbdbd9f183e405b280a6c3a970bd860d3de81
Author: Bjørn Stachmann <bstachmann@yahoo.de>
...
```

b. 一些实用选项

```
> git log -n 3     # Only the last three commits
> git log --oneline # Only one line per commit
> git log --stat   # Only show statistics
```

log 命令通常并不一定要显示出版本库中所有的提交。我们往往只需要它显示出当前提交的前几次提交即可。

在使用 **log** 命令时，我们可以通过一些选项来控制自己所需要显示的提交以及它们显示的格式。下面我们来看几个常用的选项。

3.6.1　部分输出：-n

该选项通常用于限制输出。例如下面这个命令只显示该项目的最后 3 次提交：

```
> git log -n 3
```

3.6.2　格式化输出：--format、--oneline

对于日志的输出格式，我们可以用**—format** 选项来控制。例如，**--format=fuller** 选项可以用来显示许多细节信息。而下面则是**--oneline** 选项所显示的概述信息。

```
> git log --oneline

2753f19 TODO indented for illustration.
e0ffbdb Note.
4200ba2 Section on different histories of the same project.
...
```

3.6.3　统计修改信息：--stat、--shortstat

统计类选项也是很有用的：**--stat** 可用来显示被修改的那些文件。 **--dirstat** 则可以用来显示那些包含被修改文件的目录。而**--shortstat** 则用来显示项目中有多少文件被修改，以及新增或删除了多少文件。

```
> git log --shortstat --oneline

753f19 TODO indented for illustration.
 1 files changed, 2 insertions (+), 2 deletions (-)
e0ffbdb Note.
 1 files changed, 27 insertions (+), 4 deletions (-)
4200ba2 Section on different histories of the same project.
 1 files changed, 15 insertions (+), 6 deletions (-)
...
```

3.6.4　日志选项：--graph

我们也可以通过**--graph** 选项来显示各提交之间的关系。

```
> git log --graph --oneline
* 6d7f278 Merge branch 'master' into editorial
|\
| * 419b389 merge: built-in formatting.
| |\
| | * 8f5b053 Quick Start: Formatting installed.
| | * 5f22c8d New Macros for formatting.
| |/
* | Ab36269 TODOs
* | C2cae84 intro to the first steps.
|/
*   63788eb merge: Section 'Examples and notation' added.
```

3.7　本章小结

- **版本库**：项目的版本库通常驻留在其 .git 目录中。其中包含了以提交形式存储的项目历史。由于 Git 是个分布式系统，所以同一个项目通常可能会有多个拥有不同历史的版本库。按照 Git 的设计，我们可以在必要时再将这些历史重新合并起来。

- **提交（通常也被称为版本、修订或修改集）**：通过 commit 命令可以创建一次提交，一次提交通常存储了项目的某种确定状态，其中包含了该项目中所有文件的情况。每次提交中都包含了与作者和提交日期相关的元数据。特别地，Git 中还存储了前/后提交之间的关系，这种关系将构成一个项目版本图，我们可以用 log 命令将版本库中的这些提交显示出来。

- **提交散列值**：提交散列值主要用于唯一标识提交。但同时它也是一种信息汇总，我们可以用它来验证软件对象的存储完整性。通常一个提交散列值的长度是 40 个字符。

第 4 章
多次提交

新的提交未必一定得包含工作区中所发生的所有修改。事实上在这一方面，Git 赋予了用户完全的控制权。甚至，我们可以用它来摘取合并其中的一些修改，并将其纳入下一次提交中。

提交的产生通常被分为两个步骤。首先，我们要用 **add** 命令将所有相关的修改纳入到一个缓存区（buffer）中。这个缓存区通常被叫做暂存区（staging area）或索引（index）。接着，我们才能用 **commit** 命令将暂存区中的修改传送到版本库中。

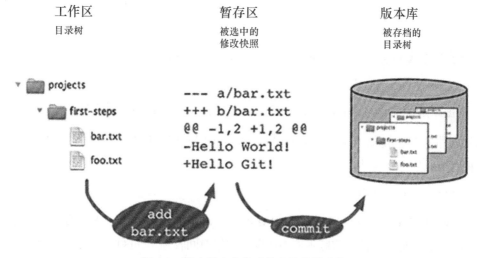

图 4.1　版本库中各修改信息的传递路线

4.1　status 命令

通过 **status** 命令，我们可以查看当前工作区中所发生的修改，以及其中的哪些修改已经被注册到了暂存区中，以作为下次提交的内容。

```
> git status

# On branch staging
# Changes to be committed:
#   (use "git reset HEAD <file>..." to unstage)
#
# modified: bar.txt
#
# Changed but not updated:
#   (use "git add <file>..." to update what will be committed)
#   (use "git checkout -- <file>..." to discard changes in ...
#
# modified:   foo.txt
#
# Untracked files:
#   (use "git add <file>..." to include in what will be committed)
#
# new.txt
no changes added to commit (use "git add" and/or "git commit -a")
```

这段输出可按以下几个小标题来显示。

- **被提交的修改（changes to be committed）**：这部分将列出那些将在下次提交中被纳入版本库中的、被修改的文件。

- **不会被更新的修改（changed but not updated）**：这部分将列出那些已被修改，但尚未被注册到下次提交中的文件。

- **未被跟踪的文件（untracked files）**：这部分将列出所有的新增文件。

除此之外，Git 还提供了相关的帮助提示，告诉我们应该用什么命令来重新改变这些状态。例如，我们可以用以下命令将 **blah.txt** 移出暂存区。

```
git reset HEAD blah.txt
```

对于 CVS 和 Subversion 的用户来说，"更新"这个术语可能会引起一些用法上的混淆。在这些系统中，"更新"通常指的是将版本库中所发生的修改回收到工作区中来。但在 Git 中，更新则是指将工作区中的修改集合到暂存区中。两者的方向完全相反，就像巴比伦发来了它的问候[①]。

如果工作区中发生了很多修改，我们也可以在此使用**--short** 选项，以便相关输出显得更紧凑一些。例如：

---

① 译者注：原文：Babylon sends its regards，此处引用的是《圣经·旧约》中巴别塔的典故。按照《圣经·创世纪》的记载，全人类为了无限接近上帝，计划共同建造一座能通天的巴别塔，即巴比伦通天塔。上帝认为人类的自大源自于他们的沟通能力，因为人类最初说的是同一种语言。于是上帝决定让人类彼此语言不通，分散于各地。这里用来比喻"更新"一词在两个版本控制系统中的意义截然不同。

```
> git status --short
 M  blah.txt
 M foo.txt
 M bar.txt
?? new-file.txt
```

按部就班：选择性提交

由于创建新的提交未必就一定会包含当前所有的更新，所以在这里，我们可以选择纳入所有文件，也可以只选取其中一些文件。

1. 查看所发生的修改

> git status

在这里，位于"不会被更新的修改"和"未被跟踪的文件"这两个小标题下的内容会被 status 命令显示为尚未被注册为下次提交的文件。

2. 收集相关修改

接下来，我们要用 add 命令将相关的修改添加到暂存区中。在这里，我们既可以单独指定文件的路径，也可以从其所有子目录中指定某一包含了新增文件与被修改文件的目录。add 命令可以被调用多次，并且允许我们在指定路径时使用*和?等通配符。

```
> git add foo.txt bar.txt # selected files
> git add dir/ # a directory and everything underneath
> git add . # current directory and everything underneath
```

如果还想进行进一步的控制，也可以在这里使用--interactive 选项，开启交互模式。然后，就可以单独选取某个具体的代码片段了，在极端的情况下，我们甚至可以逐行将代码注册到提交中。

3. 创建提交

最后，我们通过一次提交来启用这些修改。

> git commit

完成该操作后，暂存区就会被清空。工作区将不受提交影响。那些没有被 add 命令添加的文件依然留在工作区中。

选择性提交对于某些修改之间的隔离非常有用。例如：假设我们在项目中创建了一个新类，但与此同时，我们也纠正了其他类中的一些错误。分多次提交这些修改有两个好处：一则是被提交的历史记录更清晰，二则使人们可以更方便地获取稍早前那个单一 bug 的修复（即捡取）。

但我们需要记住的是，选择性提交在版本库中所创建软件版本从未确实在本地存在过。因此，它们也从未测试过，在最坏的情况下甚至都不能编译。综合上述原因，我们会建议在可能的情况下尽量不要使用选择性提交。这种做法往往只能记录下我们想修复某个错误的信息，但这并不等于它能正确地修复这个错误。

4.2　存储在暂存区中的快照

关于暂存区，我们需要知道一件事：它的作用并不仅仅是为下次提交提供一份文件清单。暂存区不仅要存储修改所发生的位置，同时也要存储修改的内容。为了达到这一目的，Git 必须要为那些被选出的文件生成一个快照。下面我们以图 4.2 为例来为此做一个说明。在第 1 行中，工作区、暂存区以及版本库中的内容是相同的。然后，开发者对其工作区中的文件做了某些修改（第 2 行）。再然后，该开发者用 **add** 命令将这些修改传到了暂存区中，但版本库此时仍未受到影响（第 3 行）。

接下来到了第 4 行中，开发者再次修改了文件。现在，上述 3 个区域中的内容都不相同了。然后，我们用 **commit** 命令将第一次修改的内容传到版本库中（第 5 行号线）。这时候第二次修改的内容依然还留在工作区中。开发者需要继续通过 **add** 命令将其转移到暂存区中来（第 6 行）。

按部就班：被放入暂存区是什么？没被放入的又是什么？

我们所做的修改是通过 add 命令被注册到下次提交中的。在那之后，当工作区中发生进一步修改时，我们就可以用 diff 命令来一探究竟。

a. 暂存区中的是什么？

对于已经被 add 命令放入暂存区的那些修改，我们可以通过 --staged 选项来显示暂存的内容。下面命令所要显示的是当前版本库中 HEAD 提交与暂存区之间的不同之处。

```
> git diff --staged # staging vs. repository
```
b. 尚未被注册的又是什么？

在不带任何选项的情况下，diff 命令所显示的就是工作区中尚未被注册的本地修改，换句话说，就是显示暂存区与工作区之间的不同之处。

```
> git diff # staging vs. workspace
```

4.3　怎样的修改不该被提交

事实上，有些特定的修改是我们确实不想提交的，其中包括以下几种。

- 为调试而做的实验性修改。

- 意外添加的修改。

- 尚未准备好的修改。

- 自动生成文件中所发生的修改。

按部就班：从暂存区中撤回修改

reset 命令可用来重置暂存区。其第一个参数为 HEAD，表示的是我们要将其重置为当前的 HEAD 版本。第二个参数则用于指定要被重置的文件或目录。例如：

```
> git reset HEAD .
```
或者：

```
> git reset HEAD foo.txt src/test/
```

在重置过程中，暂存区将会被重写。这在通常情况下不会是一个问题，因为相同的修改很可能仍然会保留在工作区中（见图 4.2）。但如果这个相同的文件在 add 命令之后已经被进一步修改过了，那么相关信息就很可能被丢掉了。

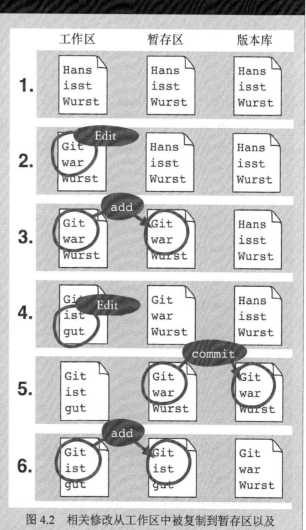

图 4.2 相关修改从工作区中被复制到暂存区以及版本库中的过程

对于上述问题，Git 为我们提供了以下几种应对方法。

- 使用 **reset** 命令重置那些实验性的或者被意外修改的内容。

- 将我们不希望被提交的忽略文件列表写入.gitignore。

- 使用 **stash** 命令将我们希望日后再提交的修改内容暂时保存起来。

4.4　用.gitignore 忽略非版本控制文件

在一般情况下，对于那些自动生成的文件、由编辑器创建的或用于备份的临时文件，我们不会希望将它们置于版本控制之下的。事实上，我们可以通过往项目根目录下的.gitignore文件中添加条目的方式让 Git "看不见" 这些文件。我们可以在该文件中指定这些文件路径和目录，并且可以使用 "*" 和 "&" 等通配符。关于路径的指定，我们需要知道：即使我们在该文件中写的是 **generated/**这样的简单路径，也会将所有包含这一名字的目录都包括在内，例如 **src/demo/generated**，都会被彻底忽略。但如果我们在这类路径之前加了个/，例如 **/generated/**，那么就只有这个确切的路径（相对于该项目的根目录而言）会被忽略了。

```
#
# Simple file path
#
somehow/simultaneous.txt
#
# Directories ending with a "/"
#
generated/
#
# File types as glob expressions
#
*.bak
#
# "!" marked exceptions. "demo.bak"
# will be versioned, but "*.bak"'
# will be excluded.
#
!demo.bak
```

另外，我们也可以在项目的子目录中创建一个**.gitignore** 文件。这样一来，该文件就只能影响该目录下的文件和路径了。这在某些情况下可能是有用的，例如，如果我们的项目是用多种编程语言来编写的，那么它们各自都应该有一个不同的配置文件。

但请注意，**.gitignore** 文件中的条目只能影响那些当前还未交由 Git 来管理的文件。如果其中的某个文件已经被现有版本包含了，那么 **status** 命令依然会显示该文件之上发生的所有修改，并且它也一样可以通过 **add** 命令被注册到下次提交中。如果我们想忽略一个已经被版本化的文件，可以通过 **update-index** 命令的**--assume-unchanged** 选项来做到这一点。

4.5　储藏

如果我们在某些事情进行到中间的时候，突然发现自己需要快速修复某个问题。这时候，我们通常会希望立即着手去做相关的修改，但同时先不提交之前一直在做的事情。在这种情况下，我们可以用 **stash** 命令先将这些修改保存在本地，日后再来处理。

按部就班：保存修改

我们通过 stash 命令将工作区和暂存区中的修改保存在一个被我们称之为储藏栈（stash stack）的缓存区中。

```
> git stash
```

按部就班：恢复被储藏的修改

我们可以用 stash pop 命令将栈中所储藏的修改恢复到工作区中。

a. 恢复位于栈顶的被储藏修改

```
> git stash pop
```

b1. 储藏堆栈中有什么？

首先，我们要检查一下当前储藏了什么修改内容。

```
> git stash list

stash@{0}: WIP on master: 297432e Mindmap updated.
stash@{1}: WIP on omaster: 213e335 Introduction to workflow
```

b2. 恢复更早之前所储藏的修改

其次，我们还是要检查一下当前栈中储藏了什么修改内容。

```
> git stash pop stash@{1}
```

4.6　本章小结

- **暂存区**：暂存区（也称为索引）中所存储的是我们为下一次提交准备的内容，它以快照的形式保存了相关的文件内容。

- **添加生成快照**：我们可以通过 **add** 命令在暂存区中创建一份被修改文件的快照。这样如果我们再次修改了同一批文件，新增的修改就不会自动被纳入到下一次提交中了。

- **选择性提交**：我们可以用 **add** 命令来指定哪些文件将会被存储在快照中，其余所有文件将保持不变。

- **代码段选取**：我们甚至可以通过**--interactive** 选项来逐行（或者逐段）选取自己所需要的修改），这种情况下只有被选取的那部分修改会以快照的形式被存储在暂存区中。

- **查看状态**：**status** 命令可以显示出哪些文件被纳入了下次提交，而哪些文件只是在本地本修改了还尚未被注册到暂存区中。

- **重置暂存区**：我们可以通过 **git reset HEAD** 命令将所有文件重置到当前的 HEAD 版本。

- **.gitignore 文件**：我们可以在这个文件中列出不需要被 Git 管理的文件目录。

- **储藏**：我们可以通过 **stash** 命令将在工作区和暂存区中当前所做的修改储藏起来。之后，再用 git stash pop 命令将其恢复。

事实上，我们即使不了解版本库的具体工作方式，也一样可以将 Git 用得风生水起。但如果我们了解了 Git 存储和组织数据的方式，就能对工作流有一个更好的理解。当然，如果你真的很讨厌谈理论，也可以选择跳过本章的正文，只选择性地读一下部分内容即可。

Git 主要由两个层面构成。其顶层结构就是我们所用的命令，例如 **log**、**reset** 或 **commit** 等。这些命令使用起来很方便，并提供了许多可调用的选项。Git 的开发者们称它们令为瓷质命令（porcelain command）。

而对于其底层结构，我们则称之为管道（plumbing）。这里主要是一组带有少量选项的简单命令，瓷质命令就是以此为基础被构建出来的。管道命令很少被直接用到。本章将为你提供一些了解该系统管道层结构的机会。

5.1 一种简单而高效的存储系统

Git 的核心是一个对象数据库。该数据库可用来存储文本或二进制数据，例如对于某文件的内容。我们可通过带-**w** 选项（w 代表写入）的 **hash-object** 命令将其作为一条记录插入到该对象数据库中。

```
> git hash-object -w hello.txt

28cf67640e502fe8e879a863bd1bbcd4366689e8
```

每当我们存储了这样一个对象，Git 就会返回一个 40 个字符的代码，这是被存储对象的键值。请记住它，我们日后需要用该键值配合带-**p** 选项（p 代表打印）的 **cat-file** 命令来访问这个对象。

```
> git cat-file -p 28cf67640e

Hello World!
```

对象数据库是一个非常高效的实现。即使对于一个有着非常长提交历史的大型项目（例如 Linux 内核，这是一个拥有 200000 次提交和近两百万个对象的项目）来说，访问其版本库中对象的操作也几乎可在瞬间完成。Git 非常适合用于那些拥有大量小型源文件的项目。其性能瓶颈只有在总数据量非常巨大的时候才能显现出来。对于那些想要管理大量二进制文件的人来说，Git 版本库显然是不二的选择。

5.2 存储目录：Blob 与 Tree

在文件和目录的存储上，Git 使用了一种包含两种节点类型的简单树结构。其文件内容将保持不变，并以 blob 对象的形式按字节被存储对象数据库中。而目录则将用 tree 对象来表示，它们看起来应该像如图 5.1 所示。

```
sample-workspace/
    README
    /src
        Hello.java
        World.java
```

图 5.1　一个小型项目

```
> git cat-file -p 2790ef78
100644 blob 507d3a30ae9ed53bcf953744c5f5c9391a263356 README
040000 tree 91c7822ab43800b0e3c13049519587df4fd74591 src
```

正如你将在图 5.2 看到的，tree 对象中包含了文件和子目录。其中的每个条目都被分配了相应的访问权限（例如上面的 100644）、类型（即 blob 还是 tree），以及由该文件内容、该文件或目录名称生成的散列值。

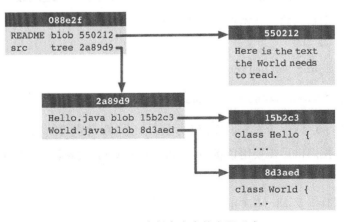

图 5.2　目录在版本库中的表现形式

5.3　相同数据只存储一次

为了节省内存空间，Git 对于相同数据将只存储一次。例如在下面这个例子中，**foo.txt** 和 **copy-of-foo.txt** 将返回相同的散列值，因为它们的文件内容是相同的。

```
> git hash-object -w foo.txt

a42a0aba404c211e8fdf33d4edde67bb474368a7

> git hash-object -w copy-of-foo.txt
a42a0aba404c211e8fdf33d4edde67bb474368a7
```

通过这种方法，Git 不仅能够节省内存，同时也能在性能上得到提升。许多 Git 操作之所以快，就是因为它们的算法只比较相关的散列值，而不需要查看其实际数据。

5.4　压缩相似内容

Git 不仅可以对相同的文件内容进行合并，每当程序员们所创建的新文件在内容上与前人只有区区几行的区别时，Git 可以采用增量方法来存储这些文件，在这种情况下，包文件中将只存储原始版本后来被改变的那一部分。

要想做到这一点，我们就要在想节省空间时使用 **gc** 命令。这样一来，Git 就会删除所有多余的、不再接受任何分支头访问的提交，并将剩下的提交存储到包文件中。对于那些源代码占绝大多数的项目来说，这就等于实现了某种令人惊叹的高压缩处理。通常情况下，当前版本未压缩的工作区内容大小往往要比包含多年项目历史并打包的 Git 版本库还要大得多。

5.5　当不同文件的散列值相同时，情况会很糟糕吗

确实会很糟糕，因为 Git 是通过散列值来识别内容的。因此，一旦内容各不相同的文件出现散列值相同的情况，Git 就无法提供正确的数据了，我们称这种情况为散列冲突（hash collision）。

好消息是，敬列冲突是一种非常罕见的事件。其原因在于，散列值的可能取值至少有 2^{160} 种。而即使是 Linux 内核项目在运作 5 年之后，版本库中也就"仅有"大约 2^{21} 个对象。

当然从理论上而言，SHA1 敬列算法是有缺陷的，你可以在 SHA1 算法中找到 251 种会引起敬列冲突的操作。然而，格拉茨科技大学（Graz University of Technology）的一个研究项目曾从 2007 年尝试到 2009 年，目的是想找出一个（！）这样的散列冲突，结果以失败告终。总而言之，在当今版本控制所在的环境下，我们可以认为它是安全的。

5.6　提交对象

我们所做的历次提交也被存储在对象数据库中，它们的格式很简单。

```
> git cat-file -p 64b98df0

tree 319c67d41a0b3f7464550b41db4bb1584939ad2a
parent 6c7f1ba0828a5b595026e08d2476808105a6b815
author Bjørn Stachmann <bs@test123.de> 1295906997 +0100
committer Bjørn Stachmann <bs@test123.de> 1295906997 +0100

Section on trees & blobs.
```

除了作者、提交者、日期以及注释这些元数据外，每个提交对象还在对象数据库中放入了一些其他对象的散列值。例如：tree 对象负责描述该提交的内容。它还包含了该项目的根目录信息，并且与上文提到的一样，它也将以 tree 和 blob 对象的方式呈现。而 parent 对象则指的是它的上一次提交。

5.7　提交历史中的对象重用

除了最初的那次提交外，版本库中的每个提交对象上面都至少会存在一个前提交对象（即父对象）。通常来说，一次提交往往只涉及项目中少数文件的修改，其他大部分文件和目录不会发生变化。所以，我们会希望 Git 尽可能多地重用前次提交中的相关对象。

下面我们来看一个具体的例子（见图 5.3）。某一提交（即自顶向下第二排中第二个被实线箭头所指向的那个标题为"commit"的方框）中包含了一个 **README** 文件，以及一个用于包含其他文件的 **src** 目录。然后，如果在新建的提交（即图中第一行用虚线箭头所指向的那个标题为"commit"的方框）中，被修改的只有 **README** 文件，Git 就会专门为该 **README** 文件创建一个新的 blob 对象。而对于 **src** 目录，则继续沿用现有的 tree 对象与相应的 blob 对象。

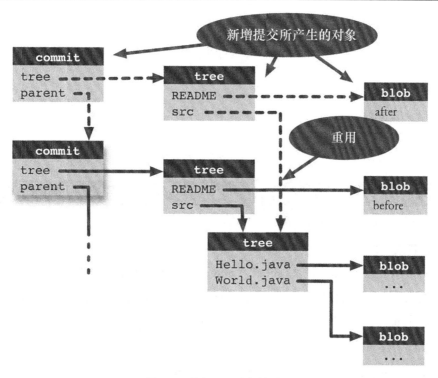

图 5.3 某个 tree 对象的重用

5.8 重命名、移动与复制

在许多版本控制系统中，我们都可以对文件的重命名及其修改时间的历史进行跟踪监视。它们大多数通常是通过某个特定的文件移动或重命名命令来实现的。例如在 Subversion 中，我们可以用 **svn move** 来移动文件。但是如果用户想要将文件在图形界面中拖放到某一新的位置的话，Subversion 就无能为力了。对于这种情况，Subversion 不会认为这是个移动操作，而会将其记录为先删除，再另行新建该文件的操作过程。

对此，Git 采用了不同的方法：它没有选择去存储与文件移动操作相关的信息，而是采用了重命名检测算法。在该算法中，如果一个文件在某一次提交中消失了，它依然会存在于其前次提交中。而如果某个拥有相同名字或相似内容的文件出现在了另一个位置，Git 就会自动检测到。如果是这种情况，Git 就会假定该文件被移动过了。下面我们以图 5.4 中的情况为例来演示一下。你可以看到：第二次提交中已经没有了 **foo.txt** 文件，它可能被移动了。随后，Git 又自动检测到新增文件中有一个与之内容相似的文件，位于 **src/foo-moved.txt**，这一过程就成为了重命名操作。

```
sample-workspace/              sample-workspace
    foo.txt                        (foo.txt missing)
    /src                           /src
        bar.txt                        bar.txt
                                       foo-moved.txt


    (Commit 1)                     (Commit 2)
```

图 5.4　某文件被移动了

按部就班：按以下步骤来进行重命名和移动操作

Git 会自行显示出被重命名或移动的文件。

1．先获取一份摘要

我们可以用 log 命令的-M 选项（即 "move"）来激活重命名的检测算法。如果想要格式化输出的信息，我们可以对其使用--summary 选项来显示文件修改的相关信息。但这段输出很长也是个问题。如果我们想要简短一些，也可以用 grep 命令来对输出进行筛选。另外，百分比显示了源文件和目标文件的相似度。

```
> git log --summary -M90% | grep -e "^ rename"

rename foo.txt => foo-renamed.txt (90%)
rename src/{before => after}/bar.txt (100%)
```

2．跟踪被移动文件的历史

我们可以用 log 命令的--follow 选项来连续取出文件被重命名之后的历史记录（当然，该做法仅适用于单文件操作）。如果不使用该选项，日志就会在该文件被重命名的那一刻停止。

```
> git log --follow foo-renamed.txt
```

按部就班：跟踪复制操作

我们还可以透过-C 选项来跟踪被复制的数据。

```
> git log --summary -C90% | grep -e "^ copy"
```
如果有必要的话，我们也可以用--find-copies-harder 选项来使 Git 做一个更长的计算操作。只要该选项被激活，Git 就会去检查相关提交中的所有文件，并不仅仅是那些已更改的文件。

我们也可以将重命名检测配制成 Git 的默认选项。这样一来，我们就无需在每次使用 **log** 命令时为其指定**-M** 和**--follow** 选项了。

```
> git config diff.renames true
```

按部就班：确定某段代码的来源

我们可以按照以下步骤找出谁最后修改了那几行代码，以及修改的时间。

1. 逐行打印源头信息

当我们将某些较大的代码块复制或移动到其他文件中时，Git 甚至可以确定其中某几行代码的来源。而且，blame 命令还可以显示出最后一次修改这几行代码的人及其修改时间。

```
> git blame -M -C -C -C copied-together.txt

f5fdbad0 foo.txt  (Rene  2010-11-14 18:30:42 +0100  1) One,
a5b80903 bar.txt  (Bjørn 2011-01-31 21:32:49 +0100  2) Two or
f5fdbad0 foo.txt  (Rene  2010-11-14 18:30:42 +0100  3) Three
```

其中的-M 选项（M 代表 "move"）暗示的是文件的复制和移动操作。-C 选项也可用于检测相同提交中的文件副本。但我们还可以用多个-C 选项来搜索该文件在更多提交中的副本。对于大型的版本库来说，这种操作有时候会需要较长的时间。

5.9 本章小结

- **对象数据库**：所有提交中的文件、目录以及相关的元数据都将被存储在该数据库中。

- **SHA1 散列值**：我们可以通过一个 SHA1 散列值从对象数据库中捡取相关对象。SHA1 散列值是一种针对文件内容的加密校验值。

- **相同数据只存储一次**：内容相同的对象拥有相同的 SHA1 散列值，并且只存储一次。

- **相似的数据会被压缩**：对于内容相似的数据，Git 会针对其被修改的部分采取增量存储的方法。

- **Blob 对象**：文件的内容将会被存储在相应的 blob 对象中。

- **Tree 对象**：目录会被存储在相应的 tree 对象中。一个 tree 对象中通常会包含一份文件名列表，包含这些文件名和储存在 blob 或 tree 对象中内容的 SHA1 散列值。

- **提交图**：我们的提交对象会沿着各自的 tree 和 blob 对象，形成一个提交图。

- **重命名检测**：文件的重命名和移动操作在提交之前无需报备。Git 可以自动根据文件内容的相似度来识别操作。例如：git log –follow 命令。

- **庐山真面目**：我们可以通过 blame 命令来确定某几行代码的来源，即使这些代码们已被移动或复制到了别处。

第 6 章
分支

对于版本提交为什么不能依次进行，以便形成一条直线型的提交历史记录，我们认为有以下两个重要原因。

- 有两个以上的开发者在对同一个项目进行并行式开发。
- 为修复旧版本中的 bug 而必须要创建和发布新的版本。

如果遇到以上两种情况，我们的提交历史图中就会出现分叉的情况。

6.1　并行式开发

当有多个开发者用 Git 处理同一个软件开发项目时，他们就会在版本库的提交图中创建各自的分支。下面我们来看一下图 6.1，其上半部分所显示的是两个独立的开发者在各自的本地版本库中，基于提交 B 成功创建了各自的版本（即提交 C 和 D）。而在图 6.1 的下半部分，你将看到的是它们合并之后的版本库（关于合并的相关细节请参见第 9 章）。正如你所见，它创建了一个分支，这种类型的分叉在并行式开发中是难以避免的。

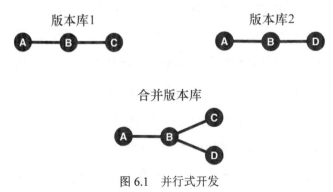

图 6.1　并行式开发

6.2　修复旧版本中的 bug

正如我们之前所说,分支可能会因并行式开发的需要而创建。但除此之外,它也有可能会因修复软件旧版本中的 bug 而创建。下面我们来看一个例子(见图 6.2):假设当开发者们正在为即将发布的版本(提交 **C** 和 **D**)加班加点时,我们在该软件的当前版本(提交 **B**)中检测到了一个错误。由于眼下带有新功能的提交 **C** 和 **D** 都还没有准备好交付,用于错误修复的提交 **E** 只能基于提交 **B** 来创建。

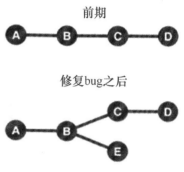

图 6.2　修复旧版本中的 bug

6.3　分支

下面再来看看图 6.3,在这个例子中,我们一方面在 **release1** 这一当前发行版上继续当前开发分支 **master** 上的工作。随着各轮新的提交,该分支始终处于活跃向前的状态。而另一方面,我们会看到 **release1** 分支从右边岔开了,它对自身的 bug 进行了修复。

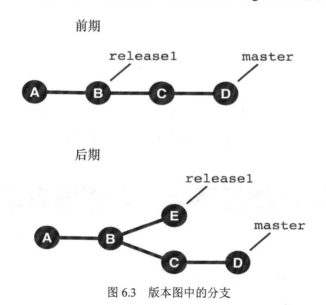

图 6.3　版本图中的分支

6.4　泳道

分支可以看作是开发过程当中的并行线，我们可以把该提交图想象成游泳池中的泳道（见图 6.4）。

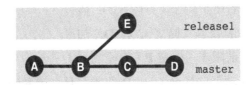

图 6.4　充当开发过程中并行线的分支

请注意：Git 并不知道某次提交是否被分配给了某个分支，划分泳道在这里某些程度上来说算是一种比喻性的说法。

6.5　当前活跃分支

在一个 Git 版本库中，总是唯一存在着一个活动分支。我们可以用 **branch** 命令（不带选项）来列出当前所有的分支。其中用星号（*）凸显的就是当前的当前活跃分支。

```
> git branch

  a-branch
* master
  still-a-branch
```

一般情况下，活动分支将会被继续用于接受所有新的提交，并将分支指针移动至最近的那次提交。当然，我们也可以用 **checkout** 命令来改变当前的活跃分支。

```
> git checkout a-branch
```

按部就班：创建分支

下面，我们来创建一个新的分支。

1a.　为当前提交创建分支

```
> git branch a-branch
```

1b.　为任意一批提交创建分支

我们也可以为任意一批提交创建新的分支。为此，我们必须要指定该分支上的第一次提交。

```
> git branch still-a-branch 38b7da45e
```

1c. 从现有分支中创建分支

```
> git branch still-a-branch older-branch
```

2. 切换到新分支

branch 命令只能用于创建新的分支，但并不会自动切换到该新分支上。如果我们想要切换到新的分支上，就得使用 **checkout** 命令。

```
> git checkout a-branch
```

快捷方式：创建并切换到新分支

```
> git checkout -b a-branch
```

按部就班：Checkout 操作被拒绝时该怎么办？

通常情况下，我们可以用 checkout 命令在分支之间来回切换。但是，如果这时候工作区还存在着一些修改，我们就必须要先决定好如何处理这部分修改。

1. 进行 Checkout

下面这个 **checkout** 很可能会被拒绝。

```
> git checkout a-branch
```

```
error: Your local changes to the following files would be overwritten by
checkout: foo.txt
Please, commit your changes or stash them before you can switch branches.
Aborting
```

如你所见，工作区或暂存区存在着一些修改，它们还没有被确认为一次提交。所以我们必须先决定以下何种方式来处理这些修改。

2a. 提交修改并切换

```
> git commit --all
> git checkout a-branch
```

2b. 放弃这部分修改并进行切换

我们可以用 **--force** 选项来进行强制切换，但这样做会令这部分修改被覆盖！

```
> git checkout --force a-branch
```

2c. 储藏修改并切换

我们可以用 **stash** 命令（请参见 4.5 节）先将这部分修改储藏起来，然后再进行切换。之后再用 **stash pop** 命令来恢复它们。

```
> git stash
> git checkout a-branch
```

6.6　重置分支指针

分支指针主要用于指向活动分支，它会每次提交时移动到最新提交上。因此在通常情况下，我们几乎不太需要去直接设置分支指针。但偶尔我们也会因一些偶发事件而失去对该指针的跟踪，想将其恢复到之前的状态。在这种情况下，我们可以用 reset 命令来重置分支指针。

```
> git reset --hard 39ea21a
```

这样一来，该指针就被重置到了提交 **39ea21a** 所在的活动分支上。其中的**--hard** 选项用于确保工作区和暂存区也都会被设置都提交 **39ea21a** 的状态。

需要提醒的是，**reset --hard** 命令会覆盖当前工作区和暂存区中的所有修改。所以最好在执行重置之前先用 **git stash** 命令存储一下这些修改。

6.7　删除分支

按部就班：删除分支

我们可以通过 **branch -d** 命令来删除分支。

a.　删除一个已被终止的分支

```
> git branch -d b-branch
```

b.　删除一个打开的分支

如果我们在试图删除一个分支时自己还未转移到不同的分支（例如 master 分支）上，Git 就会给出一个警告，并拒绝该删除操作。如果你坚持要删除该分支的话，就需要在命令中使用**-D** 选项。

```
error: The branch 'b-branch' is not fully merged.
If you are sure you want to delete it, run 'git branch -D b-branch'.

> git brach -D b-branch
Deleted branch b-branch (was 742dcf6).
```

按部就班：恢复被删除分支

Git 会自行负责分支的管理，所以当我们删除一个分支时，Git 只是删除了指向相关提交的指针，但该提交对象依然会留在版本库中。因此，如果我们知道删除分支时的散列信息，就可以将某个已删除的分支恢复过来。

a. （在已知提交的散列值的情况下）恢复某个分支

```
> git branch a-branch 742dcf6
```

b1. 先确定相关的提交散列值

如果我们不知道想要恢复分支的提交散列值，可以 **reflog** 命令将它找出来。

```
> git reflog

d765a1e HEAD@{0}: checkout: moving from b-branch to master
88117f6 HEAD@{1}: merge b-branch: Fast-forward
9332b08 HEAD@{2}: checkout: moving from a-branch to b-branch
441cdef HEAD@{3}: commit: Expanded important stuff
```

b2. （通过 reflog 命令找到的散列值）恢复该分支

```
> git branch b-branch HEAD@{1}
```

6.8　清理提交对象

gc 命令（gc 指的是垃圾回收）可用于清理版本库，移除所有不属于当前分支的提交对象。如果我们想进一步净化自己的版本库，可以先将它克隆一份，并删除其源版本库。

6.9　本章小结

- **提交图中的分叉**：主要是因为修复旧版本 bug 以及并行式开发的需要。

- **分支**：上述提交图中出现的那个分叉就叫做分支。该分支会有一个指针，指向该分支下的最后一次提交。

- **当前活跃分支**：我们平常工作所在的就是所谓的当前活跃分支。当新的提交发生时，该分支指针就会知道被设置到该新提交上。

- **创建分支**：我们可以用 **branch** 命令来新建分支。

- **Checkout**：我们可以用 **checkout** 命令切换到另一个分支上。

- **Reflog**：git 会记录我们在每次提交中对分支指针所做的所有修改。如果你想恢复某个不小心删除的分支，这是非常有用的工具。

- **垃圾处理**：对于那些不属于任何分支前身的提交，我们将其视为垃圾，可以用 gc 命令将其清理掉。

第7章
合并分支

使用 **merge** 命令来进行分支合并是 Git 中最重要的操作之一。虽然这一操作的底层算法很复杂，但调用起来却很简单。我们可以通过指定分支名称来选择待合并修改的分支。然后，Git 会基于合并的内容来创建一次新的提交。

下面，我们来看一下图 7.1 中的这个例子：在一群开发者在一个名为 **feature** 分支上开发新功能的同时，另一位开发者则刚刚修复了 **master** 分支上的某个错误（提交 **E**）。然后过了不多久，**feature** 部分的任务也完成了，并将交付使用。因此 **master** 分支的下一个版本中应该同时包含被修复的部分和新的 **feature** 部分。这时候，我们要对这些分支使用 **merge** 命令，其结果会产生一次合并提交（即这里的提交 **F**），该提交将会有两个父级提交（**D** 和 **E**）。

```
> # on the branch "master"

> git merge feature
```

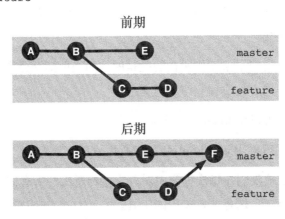

图 7.1　合并分支

7.1 合并过程中发生的事

Git 的设计目标之一就是为了能让开发者之间的分布式协作变得尽可能容易一些。因此从很大程度上来说，**merge** 命令应能自动对分支进行合并，完全不需要用户交互。但这是怎么做到的呢？

例如在图 7.2 中，我们会看到某一个文件有两个不同版本，它们分别属于分支 **a** 和分支 **b**。我们很容易就能看出这其不同之处位于哪几行。但究竟哪一个才是正确的呢？是"Freitag"还是"Montag"？是"Git"还是"Fit"？合并算法应该如何作出决定呢？

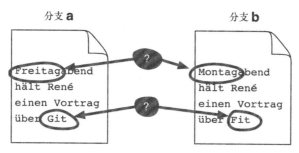

图 7.2 两个版本：哪一个才是正确的呢

问题关键就藏在其提交历史之中。这里的窍门就是要找到它们最后一个共同的祖辈提交。换一种相对简单点的说法，就是要找到其提交路径上岔出分支的那个点。只要我们将该源版本与眼前的这两个分支的版本比对一下，整个画面就会变得更为清晰。

如你所见，在图 7.3 这个例子中，分支 **b** 中的第一行"Freitagabend"被替换成了"Montagabend"。而在分支 **a** 中，第一行则没有被修改。这在进行分支合并时是一个强烈信号，它告诉我们应该采用包含"Montagabend"的版本。通过同样的方式，我们也可以安全地确认，对于最后一行我们应该采用包含"Git"的版本，而不是"Fit"的版本，其最终结果如图 7.4 所示。

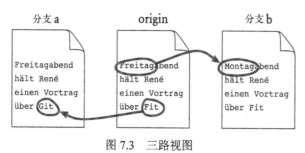

图 7.3 三路视图

图 7.4 合并结果

当然从事实上来说，真要想找到它们共同的祖辈提交可不是一件容易的事。为解决这个问题，Git 实现了 3 种不同的合并算法。其在默认情况下采用的是递归算法。但除此之外，它还实现了经典的 3 路算法和所谓的 "octopus" 算法。其中，"octopus" 还可以同时处理多个分支。

7.2　冲突

Git 非常适合于在几个开发者对同一软件做多处修改时，被用来合并他们对程序源代码中所做的修改。这些操作甚至常会涉及到那些受移动或重命名操作影响的文件。而不幸的是，这些文件往往会引发一些无法用 Git 自动化解决的冲突。

- **编辑冲突**：通常发生在两个开发者对同一行代码做了不同修改的时候。在这种情况下，Git 往往无法自行确定两种修改中的哪一种才是正确的。

- **内容冲突**：通常发生在两个开发者对某份代码的几个部分做出各自修改的时候。例如这种情况就容易导致这类冲突：当一个开发者在修改某一函数的时候，另一个开发者也在同一时间修改了同一函数。

7.3　编辑冲突

当 Git 遇到了自身无法解决的冲突时，就会显示以下错误消息。

```
> git merge one-branch

Auto-merging foo.txt
CONFLICT (content): Merge conflict in foo.txt
Automatic merge failed; fix conflicts and then commit the result.
```

下面我们来看看具体发生了什么。

1. Git 无法创建提交。Git 通常会在合并后自动创建提交。而在发生冲突的情况下，我们就必须要先解决问题，然后再手动创建提交了。

2. **.git/ MERGE_HEAD** 中将保存另一分支的提交散列值。

3. 工作区中的文件代表了合并结果。

4. 无冲突部分的修改合并将会被记录在暂存区中，以便纳入下一次提交。

5. 将会有冲突标志被插入。

6．冲突所在之处将不会被注册到下一次提交中。

现在，根据 **status** 命令返回的信息，我们可以看到"Changes to be committed"这部分显示的是自动合并的文件。而"Unmerged paths"这部分就是用户必须进行手动编辑的文件。

```
> git status

# On branch master
# You have unmerged paths.
#   (fix conflicts and run "git commit")
#
# Changes to be committed:
#
# modified:   blah.txt
#
# Unmerged paths:
#   (use "git add <file>..." to mark resolution)
#
# both modified:       foo.txt
#
```

7.4　冲突标志

冲突标志通常会描述两组修改。首先是这些被修改的行在当前分支（HEAD）中的内容。接下来又列出了他们在另外一个分支（即 MERGE_HEAD，在这里是 **one-branch**）的内容：

```
In the early morning dew
<<<<<<< HEAD
to the valley
=======
  for swimming
>>>>>>> one-branch
We're going. Fallera!;
```

出于各种历史原因，这些分支提交的共同祖辈在默认情况下是不显示的，但我们可以将其配置成 3 路显示格式。

```
> git config merge.conflictstyle diff3
```
这样一来，编辑冲突就会如下所示。

```
In the early morning dew
<<<<<<< HEAD
to the valley
||||||| merged common ancestors
to mountains
=======
```

```
for swimming
>>>>>>> one-branch
We're going Fallera!;
```

7.5　解决编辑冲突

解决编辑冲突最好的办法是使用像 kdiff3 这样的合并工具。在这里，我们可以从 **mergetool** 命令启动合并工具。

```
> git mergetool
```

在这个工具中，我们可以解决冲突、保存修改以及终止这个应用程序。然后，合并之后的修改将会出现在暂存区中，它们可以被确认为一次提交。

当然对于二进制文件来说，上面这种文本化的冲突标志是不存在的。在这种情况下，我们就必须要去查看其原始版本。该文件的 3 个版本在冲突中扮演了各自的角色：即当前分支（我们的）的版本、其他分支（他们的）的版本、以及这两个分支最后的共同祖先（祖辈版本）。

我们可以用 **show** 命令检出这些版本。

```
> git show :1:picture.png  >ancestor.png

 > git show :2:picture.png  >ours.png

> git show :3:picture.png  >theirs.txt
```

> **按部就班：手动合并**
>
> **1a.　编辑受影响的文件**
>
> 对于每一个冲突所在之处，我们都考虑自己想要采用的选项，然后在文本编辑器中删除冲突标志所在的剩余部分即可，但这种方法对二进制文件是不适用的，因此我们就需要用到步骤 1b 了。
>
> **1b.　采用--ours 或--theirs 选项**
>
> 或者，我们也可以用 **checkout** 命令来完全选择只采用自己的（或者是别人的）那个版本的文件。
>
> ```
> > git checkout --theirs tests/
> ```
> **2.　注册修改**
>
> ```
> > git add .
> ```

```
3. 提交
> git commit
```

另外，合并和比较工具往往也会将一些空白符方面的修改显示出来。例如，如果某个开发者将制表符替换成了空格符，其涉及到的所有行都会被标记，尽管他没有在内容上着任何修改。这些工具通常会有相关的选项可以忽略掉空白符的修改，我们建议你使用这个选项。

当然，更好的选择是所有开发者都能用相同的工具来进行源代码的自动格式化，那我们就等于解决了格式冲突的一个根源。

然而事情总有意外！如果我们在合并时犯了一个错误或者在解决冲突时出了错的话，就不应该再继续做下去了，相反，这时候我们应该果断地取消合并，这样我们就不会在工作区中留下合并操作的踪迹，并且 Git 中也不会在下轮提交中出现合并提交，合并操作可以通过 **reset** 命令来取消。

```
> git reset --merge
```

7.6　内容冲突又是什么呢

真正的麻烦是内容冲突，由于 Git 无法识别这类冲突，自动化解决当然是肯定不用想了。其真正的危险来自于当内容冲突存在时，**merge** 命令还是会生成有效的合并提交。

请注意！这也就是说，即使所有的合并版本都是正确的，且 Git 也没有报告任何编辑冲突，该合并提交也可能是坏的！

如果我们想避免内容冲突扰乱软件版本，就得要做更多事。

● **借由自动化测试构建保护机制**：如果这些测试能够定期进行，并且有一个很好的覆盖面的话，各种内容冲突就能很快被发现。

● **使用断言、以及前置与后置条件**：基本上，我们执行越多明确的断言检查，就越能更早地发现问题。

● **定义清晰的接口，使其实现松耦合**：以目前所讨论的点来说，显然体系结构设计得越干净利落，其代码因不同地方被混入修改而引发意外副作用的可能性就越小。

● **静态类型检查**：只要我们的编程语言支持这一特性，那么任何签名变化所引发的问题都将会在编译时被检测到。

顺便说一句，**merge** 命令在这里对于多分支的合并也是有效的，这就是 **octopus** 合并。

7.7　快进合并

我们常常会遇到这样的情况：即若干个分支中中往往只有一个分支仍在持续工作。例如在图 7.5 的这个项目中。开发者们一直都在 **a-branch** 分支下开发，而 **b-branch** 分支上则什么事也没有发生。当 **b-branch** 与 **a-branch** 这两个分支要进行合并时，Git 要做的工作就非常简单了：只要前移一下指针即可，不再需要产生合并提交了，我们称这种情况为快进合并。

```
> git checkout b-branch

> git merge a-branch
Updating 9d4caed..9332b08
Fast-forward
  foo.txt  |  2 +-
1 files changed, 1 insertions(+), 1 deletions(-)
```

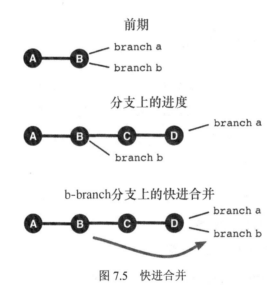

前期

分支上的进度

b-branch分支上的快进合并

图 7.5　快进合并

快进合并的优点是它能简化版本库的历史记录并使其保持线性发展。而缺点则是我们不能根据已经合并过的历史记录来看版本库的这一发展。正是因为它存在这样的缺点，我们才需要在本书的一些工作流中使用**--no-ff**选项，以强制其产生一次新的提交（详见图 7.6）。

```
> git merge --no-ff a-branch
```

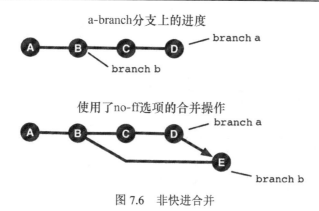

图 7.6 非快进合并

7.8 第一父级提交历史

合并提交通常都会有两个父级提交，甚至 octopus 合并中还会有两个以上的父级提交存在。例如在下面的例子中，我们会看到两个父级提交 **ed1c70e** 和 **f1d55be**。

```
> git log --merges

commit 7f3eae07c42df05f894fdd4754e38ab9e66a5051
Merge: ed1c70e f1d55be
Author: ...
```

这个例子中的第一次提交（ed1c70e）叫做第一父级提交，它是合并执行完后 HEAD 所在的那个提交。代表的是该合并所发生的地方。

如果所有的开发者都在同一分支上工作，那么它无论何时何地执行合并都不会影响结果。在这种情况下，我们去深究哪一个是第一父级提交就显得毫无意义了。

另一方面，当我们需要将自己在某些特性分支上所开发的一个个特性集成到特定的特性分支上时，这个集成后的结果分支（即本例中的 master 分支）就是一个合并提交的序列（见图 7.7）。它的第一父级提交通常就是其上一级特性的合并提交。

如果我们沿着第一父级提交链一路追踪到根提交上，就会得到一份特性集成的概览。我们将其称之为第一父级提交历史。你可以通过带**--first-parent** 选项的 **log** 命令来显示这份特性集成概览：

```
> git log --first-parent --oneline R1.0..master

7f3eae0 Merge branch 'Feature-C' Finished (M4)
ed1c70e Merge branch 'Feature-A' Finished (M3)
```

```
eeb6ec2 Merge branch 'Feature-B' Finished (M2)
8ce3213 Merge branch 'Feature-A' Partial delivery (M1)
```

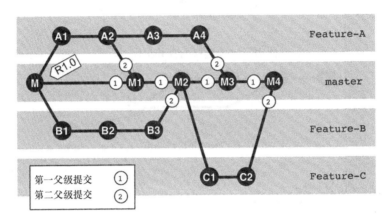

图 7.7 第一父级提交的历史

第一父级提交历史的奇妙之处在于，它为我们提供了一份历史的总结报告。你可以从中清楚地看到哪些已被集成的特性，无需再去侦查那些特性分支上的每一次提交。

请注意！这只适用那些执行了快进合并的集成分支。否则，独立的特性分支提交只能被直接放置到 master 分支的第一父级历史中。

还有一件事也需要注意！我们不应该对集成分支（即这里的 master）执行内部合并。相反，我们要确保这些特性都是依次连续地被集成进来的，这样我们才能得到一份线性的特性合并历史。

7.9 棘手的合并冲突

在 Git 中，大多数合并操作都可以在没有或者只有少量人工辅助的情况下自动完成。但如果两个分支各自演变的轨迹非常的不同，也有可能会带来一些棘手的冲突。

当然，在这一节我们只讨论两个分支之间的合并。如果你是在 octopus 合并上遇到了这样的问题，我们建议你应该取消这次合并，试着采用逐个解决的思路来解决这个问题。

首先我们需要将重点放在信息收集上，以便了解目标分支上目前所发生的事。在这里，在 **log** 命令中使用..这符号可能会很有帮助。例如，**a..b** 可用来表示来自于分支 **b**，但不属于分支 **a** 的提交。它可以显示出“我们”（在当前分支上）做了哪些事，而这些事应该不会被提交到其他分支中。

```
> git log MERGE_HEAD..HEAD
```

反之亦然，我们也可以用该符号来显示"别人"所做的事情。

```
> git log HEAD..MERGE_HEAD
```

另外，分支的图形化表示也会很有用。

```
> git log --graph --oneline --decorate HEAD MERGE_HEAD
```

我们也可以在 **log** 命令中使用**--merge** 选项，限制其只输出合并提交。

```
> git log --merge
```

除此之外，我们也可以使用一些比对原版本时会用到一些实用的分支技巧。但这需要以合并操作为基础，即该版本必须在合并操作中是这些分支共同的祖辈提交。

```
> git merge-base HEAD MERGE_HEAD

ed3b1832c48b359111d00bddb071c42ba6f38324

> git diff --stat ed3b18 HEAD           % Our changes

> git diff --stat ed3b18 MERGE_HEAD   % Changes by others
```

如果想用图形化工具代替这种文本输出的话，你也可以使用 **difftool** 命令。

这样一来，我们就可以看到涉及冲突的是哪几个开发者。这时候，我们最好能与他们每个人都谈一谈，使得每个人都能自行确保他或她被纳入合并的修改是正确的。

如果其他人对此无能为力，那事情就更加难办了，因为我们通常对别人分支上的事情并不精通。从技术上来说，合并原本应该是一个对称的操作。但我们在意识中往往对此会有一个不对称的视角。即我们一般会问自己问题："我应该怎样将别人的代码纳入到自己的代码中呢？"其实，有时将问题反过来看会更有帮助，即我们不妨以别人的版本层次为出发点，去找出可以将自己的修改整合进去的方法。这样的视角转换有时候确实会很有帮助。

7.10　无论如何，终会有可行的方式

或许是由于时间紧迫，我们常常倾向于直接用合并工具选取这份或那份代码变更了事。这种贪图方便的行为是应该被抵制的。如果经过 diff 和 log 工具配合"其他"版本的分析之后，你依然无法确定解决冲突的方式，那么你就应该取消合并，然后再考虑一下以下几种可能的策略。

- **分支重构**：最干净利落的解决方案可能就是以重构的方式其中一个分支进行清理，并执行交互式变基。但这是一个很大的工作量。

- **分小步合并**：如果两个分支中的一个分支存在细粒度的提交，我们可以采用一次一提交的方式来处理。这种方法的优势在于，毕竟粒度越小的提交所带来的冲突往往越容易解决。但如果这种提交的数量很大，它也可能会非常耗时，无论是哪一种情况，为此创建一个本地分支都是值得推荐的做法。

- **丢弃与捡取**：在某些情况下，拒绝某个劣质分支上的某些修改是一个不错的做法，我们可以通过 **cherry-pick** 命令来对其采取些改进措施。

- **评级和测试**：如果受合并影响的功能可以通过测试，那么我们自然在解决冲突时候据此来推演，并将其结果改善到能通过所有测试为止。

7.11 本章小结

- **合并**：所谓合并就是对相关提交图中的分支执行合并操作。

- **合并提交**：执行 **merge** 命令的结果就是产生一次合并提交。

- **3 路合并**：Git 会在合并时利用提交图找到合并双方最后的共同祖先。然后，Git 将引自该祖先的一个分支上的修改，连同另一分支上所做的修改放在一起。只要这些修改发生在这份源代码的不同之处，Git 就能自动创建相应的合并提交。

- **冲突**：对于源代码中 Git 无法自动合并（或许是由于同一行被人做了不同的修改）的那个点，我们称这里发生了冲突。

- **内容冲突**：虽然修改通常会发生在不同的位置上，但它们在内容是仍然可能会不匹配。由于 Git 无法检测到这样的内容冲突。所以项目自身应该设置一些相应的预防措施，例如自动化测试等，以保护自己免于内容冲突的破坏。

- **快进合并**：在合并过程中，一个分支是另一个分支的祖先是很常见的。在这种情况下，Git 就只需要将分支指针前移即可，无需去创建合并提交。

第 8 章
通过变基净化历史

通常，一段提交历史中往往都存在着许多杂乱的分支。Git 可以尽可能地帮助我们理顺这些历史记录。这里会用到的最重要的工具当然就是 **rebase** 命令了，它可以将某一次提交在提交图上产生的影响从一个节点转移到另一节点。

我们可以用该命令做以下几件事情。

- 如果你不小心在错误的分支上执行了一次提交。例如你可能将一次 bug 修复提交到了当前开发线（即 master 分支）上。[①]

- 当多个开发者在致力于开发同一软件时，他们会频繁地整合自己的修改。如果不进行变基，他们可能会创建出一部带有多个小分支和分岔的历史（我们称之为钻石链）。通过 **rebase** 命令，我们可以将其改造成一部较为平滑的线性历史。

8.1 工作原理：复制提交

变基操作的工作原理很简单：Git 会让我们想要移动的提交序列在目标分支上按照相同的顺序重新再现一遍。这就相当于我们为各个原提交做了个副本，它们拥有相同的修改集、同一作者、日期以及注释信息。

请注意：咋看之下，好像 Git 只是在执行变基重操作时移动了相关提交。但事实上，这些"被转移"的提交往往都是一些拥有不同提交散列值的新提交。了解这一情况非常重要，尤其是在提交已经从原分支已经扩散到其子分支时。

请注意：由于新提交会被记录在提交图中的不同位置，所以当然有可能会引发冲突，因为其原本的修改未必适合当前的情况。对于这类修改，我们必须要通过手动来解决合并冲突。

---

① 译者注：bug 的修复通常都有专用的 QFE branch。

8.2　避免 "钻石链"

如果为同一软件工作的若干个开发者频繁地归并各种修改，该项目所建立起来的提交历史看起来就会像一条钻石链。这时候我们可以利用变基操作将其整理成一部内容等效，但线性发展的历史。

图 8.1　钻石链

下面，我们通过图 8.2 中的具体例子来看看变基操作的具体过程。如你所见，从 **master** 分支上岔出了一个名为 **feature-a** 的分支，其中包含了 **C** 和 **D** 两个提交。同时，**master** 分支也得到了进一步的开发，于是多出了一个提交 **B**。

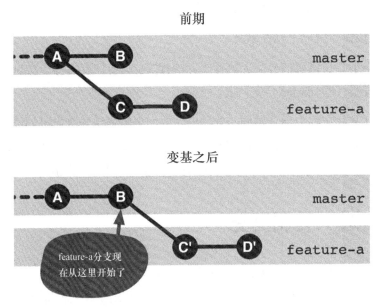

图 8.2　简单的变基操作

现在，你可以通过 **git merge master** 命令来合并这些修改，然后再用 rebase 命令理顺其历史纪录。该命令需要一个参数，以说明我们要将活动分支上的最新修改纳入哪一个分支。

```
> # Branch "feature-a" is active
> git rebase master
```

在收到这个命令之后，Git 就会去做以下事情，以便将活动分支（**feature-a**）融合到 **master** 分支上。

- **确认涉及到哪些提交**：Git 会确认是要将活动分支 **feature-a** 上的哪一些目前不在目标分支（**master**）上，在这里就是提交 **C** 和 **D**。

- **确认目标位置**：Git 会确认目标提交的位置，该提交就是 **master** 上 **feature-a** 将要执行变基操作地方，在这里就是提交 **B**。

- **复制提交**：以目标提交为基础重演上述提交中的所有修改，并相应创建提交 **C'** 和 **D'**。

- **将活动分支重置**：活动分支将被移动到上述被复制提交的顶部，在这里就是提交 **D'**。

然而在很多情况下，我们可能不会直接去调用 **rebase** 命令。相反，我们通常会用 **pull** 命令加上**--rebase** 选项来对远程版本库中的修改进行变基处理。

请注意：旧提交 **C** 和 **D** 偶尔还会留在版本库中，虽然它们已经不再直接可见，因为 **feature-a** 分支现在已经指向了 **D'**。但是，我们依然还是可以通过散列值对 **C** 和 **D** 进行访问。只有在用 **gc** 命令执行垃圾回收之后，它们才会真正从版本库中消失。

8.3 什么情况下会遇到冲突呢

和 **merge** 命令一样，**rebase** 命令也会在相关修改不匹配的时候以冲突的形式被终止。但它们之间有个重要的区别：即在合并过程中，我们得到的是两个分支合体之后的单一提交结果。而在变基过程中，我们是在依次执行重复的若干次提交。如果一切顺利，其最后一次所提交的内容应该会与其执行 **merge** 命令时的结果相同，因为 Git 在这两个命令中采用了相同的冲突解决算法。但如果 **rebase** 命令在执行过程中遇到冲突情况，该命令进程就会被打断，相关文件中也会出现冲突标志。我们需要先手动或通过合并工具对文件进行清理，并重新将它们添加到暂存区中。然后再执行 **rebase** 命令加**--continue** 选项，从该点继续之前的进程。

```
> git add foo.txt
> git add bar.txt
> git rebase --continue
```

当然，我们也可以用**--abort** 选项取消这次的 **rebase** 命令，或者用**--skip** 选项跳过引起冲突的提交。这样该次提交就被直接忽略，其中的修改将不会出现在新分支上。

警告！与合并操作不同的是，在被中断变基作业的那些提交副本中可能已经有一部分被执行变基操作了。

8.4　移植分支

有时候，在已经创建了一个分支，并完成其首次提交的情况下，我们也可以通过**--onto**选项将该分支移植到提交图中的另一个位置上。

在图 8.3 的例子中，**feature-a** 分支被移植到了 **release1** 分支上。

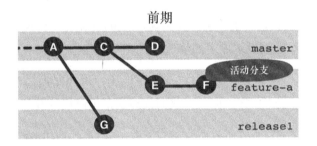

git rebase master --onto release1

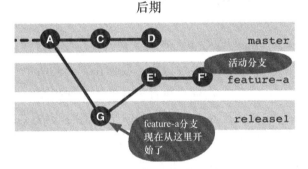

图 8.3　移动分支

```
> # Branch "feature-a" is active
> git rebase master --onto release1
```

在这里，**rebase** 命令的第一个参数所指定的是原分支（即这里的 master 分支）。然后，Git 就会去确认活动分支（即 **feature-a**）上所有不属于原分支的所有提交（在这里就是提交 **E** 和 **F**）。然后通过--onto 选项将这些提交拷贝到指定位置上（即这里的 **release1** 分支）。

按部就班：移动分支

某一分支已经被移动到了提交图中的另一位置上。

1. 在必要情况下，我们可以切换到待移动的分支上

```
> git checkout the-branch
```

2. 确定原位置

即原分支，相关分支是从这里被移出去的。Git 会将其中所有不属于原分支的提交移出来。

3. 检查所要移动的内容

提前对可能会受到影响的提交做个相应的检查是一个明智的选择，因为一个变基操作错误可能会给版本库带来一个非常混乱的局面。

```
> git log origin..the-branch
```

4. 确定目标位置

选择一个分支来充当被移动分支执行变基操作的目标位置。

5. 执行变基操作

```
> git rebase origin --onto target
```

请注意：rebase 命令中的原位置并不一定非得是一个分支。它也可以是任何提交。

8.5 执行变基后原提交的情况

这些提交会在变基过程中被复制。但其原件（即本例中的提交 **C** 和 **D**）依然还可以通过散列值来进行访问，如图 8.4 所示。通常情况下，当没有分支可以进一步从这些提交中继续发展时，下一轮垃圾收集过程（通过 gc 命令）就会直接将它们从版本库中删除。

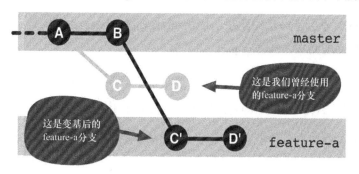

图 8.4　经变基后的新旧分支

8.6 为什么提交的原件与副本存在于同一版本库中是有问题的

重复容易造成版本库中的混乱。它们可以很容易引起误解，让人以为某段既定的代码修改包含在哪一分支上，不包含在哪一分支上。通常来说，**git log HEAD..a-branch** 显示的是在

a-branch 上而不在当前分支的那些提交。如果存在重复的话，当前分支也可能已经包含了该代码的修改。这会增加审查以及质量保证方面的复杂性。

除此之外，这种重复还有可能会给我们稍后对带有重复提交的分支与带有原始提交的分支之间的合并带来麻烦。在最好的情况下，Git 会自己识别出同样的修改出现了不止一次，并对其只采用一次。而在最坏的情况下，如果该重复提交被当作冲突来处理，Git 是无法检测到的，然后它会试图多次采用这一修改。结果就会产生一些令用户意外的冲突。

一旦我们将某次提交传递给了一个远程版本库，就不应该再用 rebase 命令来移动该提交了。否则，由于其他开发者可能会在其原作上继续他们的工作，这在将来再次合并修改的时候一定会带来问题。

8.7　捡取

接下来，我们再来介绍另一种复制提交的方式：**cherry-pick** 命令。我们可以用它来指定自己需要的提交，Git 会为此创建一次新的提交，该提交中会拥有相同的修改集与当前分支中的元数据。

```
> git cherry-pick 23ec70f6b0
```

那么对于捡取操作，我们应该了解哪些事情呢？

- **cherry-pick** 不会参考历史纪录。因而 **merge** 和 **rebase** 还可以被正确地识别成文件的重命名与移动操作，**cherry-pick** 则不能。

- 捡取操作有时候会被用来将一些小 bug 的修复传递到各种不同的发行版中。

- 该操作的另一种应用是从即将删除的分支中转移出有用的提交。

- 警告：捡取操作也有可能会引发我们之前所说的重复提交问题。

8.8　本章小结

- **变基操作**：Git 能将提交复制到提交图中的其他地方。尽管其中的修改与元数据（作者、日期）将保持不变，但该复制结果会有一个新的提交散列值。你可以通过 rebase 命令以多种方式对提交图进行重构。

- **只适用于推送之前**：通常情况下，我们应该只对那些还未被传递给其他版本库的提交

试用 **rebase** 命令。否则，这样做可能给日后带来非常麻烦的合并冲突。

● **理顺历史**：如果我们在并行式开发的过程中使用 merge 命令解决了其中的冲突，就会得到一部经历了多次分岔与合并的历史。如果用 rebase 来代替 merge，我们就会得到一部呈线性发展的历史。

● **变基过程中的冲突**：Git 会逐段逐段重演被复制的提交。如果因为某些修改与工作区内容不相符而引发了冲突，变基的进程就会被中断。与执行 **merge** 命令的过程一样，开发者可以先手动解决掉冲突，再继续变基的过程。

● **rebase 的--onto 选项**：通过该选项，我们可以将某一分支移动到提交图中另一个完全不同的位置。

第 9 章
版本库间的交换

Git 是个分布系统，它的版本库可以有多个克隆体。因此，每个开发者都可以有一份属于自己的克隆版本库，甚至还会同时保有若干份。他们通常会设置一个用于存放中央版本库的项目服务器。这个中央版本库代表了该项目的"官方"状态，我们称之为项目版本库。该版本库往往会存在多个克隆体，例如，为了进行备份或者对服务器上的内容进行持续集成。由于这里的每个克隆体自身都是一个独立的、信息完整的版本库。我们可以在每一个克隆体中创建新的提交和分支，这就使得它们之间的信息交换变得非常重要。为了实现这个目的，我们需要用到 **fetch**、**pull** 和 **push** 这 3 个命令。

9.1　克隆版本库

版本库的克隆在 Git 中扮演着非常重要的角色，执行克隆的原因可以有很多，详列如下。

● 每个开发者都必须要有至少一个克隆版本库才能用 Git 开展工作。

● 通常情况下，我们需要用某一份克隆体来充当中央版本库的角色，以示项目的"官方"状态。

● 在多点开发条件下，每个开发点都会有一份属于自己的主克隆版本库，用于定期与各点的克隆版本库进行比对。

● 对于那些采用与主项目不同方向的独立开发（例如，如果你正策划着要对该项目来个重大转向的话），他们通常也必须要克隆一份版本库来用，这样的克隆我们称之为分叉（fork）。

● 当我们在版本库上执行某些棘手操作时很可能会给该项目或版本库带来某些损坏，这时候单独为此创建一份克隆版本库往往是非常有用的。

- 那些与 Git 相关的操作工具通常也会要求使用独立的克隆版本库。

- 克隆版本库还可以充当主版本库的备份。

clone 命令的使用非常简单。我们只需要以参数形式指定原版本库的位置即可，Git 就会在当前工作目录中创建它的一份克隆体。

通常情况下，Git 在创建克隆版本库之后会直接签出工作区。如果你不希望如此，可以用 **--bare** 选项来创建一个不带工作区的版本库。这对于服务器端的版本库是非常有用的，方便开发者可以对其进行直接操作。

9.2 如何告知 Git 其他版本库的位置

如果是位于本地的其他版本库，我们可以直接指定其目录路径，以 **/Users/stachi/git-book.git** 这个版本库为例，我们可以用以下命令来克隆一个本地版本库。

```
> git clone /Users/stachi/git-book.git
```

但是，如果我们正在处理多个不同来源的版本库，就应该在之前的内容上冠上相关的文件传输协议，这样 URL 会显示得更清晰一些（具体到这里，就是 **file** 协议）。

```
> git clone file:///Users/stachi/git-book.git
```

除了 **file** 协议，我们还可以用其他协议来访问非本地的版本库。其中，**ssh** 可能是使用频率最高的一种协议了，因为它所需要的安全认证和基础架构在我们 Linux 或 Unix 服务器上操作时往往都已经准备就绪了。

```
> git clone ssh://stachi@server.de:git-book.git
```

除此之外，我们也可以通过 **http**、**https**、**ftp**、**ftps** 和 **rsync** 协议或者一个被称之为 **git** 的专有协议来访问这些版本库。

9.3 给别处的版本库起个名字

如果经常需要访问某个版本库，为了访问起来容易，我们可以给它一个名字。例如，你可以通过 **remote add** 命令给它一个这样的昵称。

```
> git remote add myClone file:///tmp/git-book-clone.git
```

现在，我们就可以在 Git 命令中使用这个简短的名字，即这里的 **myClone**，而不是版本库的 URL 了。

当某个版本库被克隆时，Git 会自动将原版本库路径的路径存储为它的源版本库(origin)。如果这时我们调用带 **--verbose** 选项的 **remote** 命令，Git 就会列出一些链接，以显示那些可被用于获取或推送提交的路径。

```
> git remote --verbose

origin ssh://stachi@server.de:git-book.git (fetch)
origin git@github.com:rpreissel/git-workflows.git (push)
klon file:///tmp/git-book-clone.git (fetch)
klon file:///tmp/git-book-clone.git (push)
```

最后，我们也可以通过 **remote rm** 命令来删除这些昵称。

```
> git remote rm myClone
```

9.4　获取数据

如果我们的工作是在克隆版本库上展开的，那么源版本库与其克隆体就会拉开距离。新提交和分支可能在它们中的任一版本库中被创建。

fetch 命令可用于从另一个版本库中获取提交，这种获取操作会将其他版本库中所有分支中尚未在本地版本库中存在的提交。

```
> git fetch myClone
```

下面，我们来看看图 9.1 中发生了些什么。

● **D 和 E**：即用 **fetch** 命令从远程版本库中所获取的、本地版本库中缺失的提交。

● **A、B 和 C**：这些是本地版本库中已有的提交，自然不会被传送。

● **F**：**fetch** 命令是个单向操作。提交只能从远程版本库被传送到本地版本库中。如果想将本地提交传送到远程版本库中，就需要使用 **push** 命令。

请注意，**fetch** 是单向操作。在上述例子中，那些提交从克隆版本库被传送到了本地版本库中。而本地新的提交并没有被传送给克隆版本库。

我们还可以通过参数指定某个分支，以便只捡取来自该特定分支的修改。如果不指定参数，**fetch** 命令就会去获取源版本库中所有分支的提交，而源版本库就是本地版本库最初所克隆的版本库。

执行获取操作前

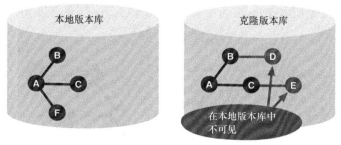

git fetch

执行获取操作后

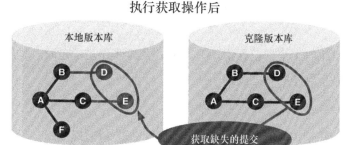

图 9.1 执行获取操作前后

9.5 远程跟踪分支：监控其他分支

如你所见，存在着两种类型的分支，分别是本地的和被远程跟踪的。之前我们已经了解过了本地分支的情况，下面我们来看看远程跟踪分支。

在执行抓取操作的同时，Git 会自行设置一个书签，该书签会指向抓取目标分支在其他版本库中的位置。这些书签就被称之为远程跟踪分支。一个远程跟踪分支主要由其他版本库的短名称以及其中的分支名构成。在图 9.2 中，**clone/feature-a** 和 **clone/master** 都属于远程跟踪分支。我们可以通过带 **-r** 选项的 branch 命令来显示这些远程跟踪分支。

```
> git branch -r
clone/feature-a
clone/master
origin/HEAD -> origin/master
origin/feature-a
origin/master
```

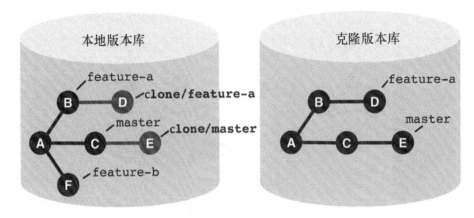

图 9.2　远程跟踪分支

在此，我们可以比对一下自己在本地分支上以及其他开发者在同一时期内各做了些什么。**diff** 命令可以用来显示这些版本之间的不同。

```
> git diff feature-a clone/feature-a
```

通过 **log** 命令，我们可以查看那些来自远程版本库的新增提交。

```
> git log --oneline feature-a..klon/feature-a
```

等我们下次再做获取操作时，该远程跟踪分支也会随之再次被更新。

请注意：Git 对远程跟踪分支的处理与本地分支不同。你可以像本地分支一样对远程跟踪分支进行签出操作，但这时我们所获取的是一个离了线的 HEAD 状态（这就等于我们签出的是一个旧版的提交）。所以我们不该那么做，而应该从远程跟踪分支中分岔出一个本地分支来，相关内容会在下一节中做介绍。

```
> git checkout -b feature-b clone/feature-b
```

9.6　利用本地分支操作别处的版本库

我们也可以通过获取操作来创建一个本地分支。要想做到这一点，我们需要用到冒号（:）操作符。只需在冒号之前指定别处版本库的分支名，并在冒号后面指定本地分支名即可。

```
> git fetch clone feature-b:my-feature-b
```

该命令所获取的是 **clone** 版本库的 **feature-b** 从分支以及其中的内容。然后，如果本地不存在一个名为 **myfeature-b** 的分支，就创建它，如果已经存在，就对其进行更新。

9.7　Pull = Fetch + Merge

获取操作通常都会带来冲突，因为会有新的提交被添加到本地或别处版本库中。在大多数情况下，它们之间的都需要进行合并。

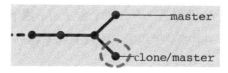

图 9.3　执行获取操作后项目中出现了双头局面，高亮部分即还尚未被挑选过的提交

而 **pull** 命令则是这么做的：它会从远程版本库中导入这些提交，然后在必要的情况下将它们合并到**当前分支**上（见图 9.4）。

```
> git pull
```

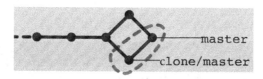

图 9.4　执行拉回操作后的情况，高亮部分即尚未被挑选的提交与合并提交

9.8　讨厌钻石链的人：请用--rebase 选项

如果你更喜欢线性发展的历史，也可以使用带**--rebase** 选项的 **pull** 命令。然后，我们后面所要执行的操作就是变基，而不是合并了（见图 9.5）。

```
> git pull --rebase
```

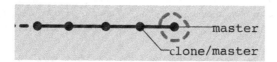

图 9.5　执行拉回操作后的情况，高亮部分即迁移后的提交

9.9　push：pull 的反面

我们可以用 push 命令将本地版本库中的提交传送到远程版本库中。例如，使用以下命令，可以将 **feature-a** 分支下的新本地提交传送给 **clone** 所指向的远程版本库，并更新分支指针，

使其指向 **feature-a** 所在的地方。

```
> git push clone feature-a
```

push 和 **pull** 这两个操作之间存在着一些重要差异，这是我们需要考虑到的。

- **写访问**：**push** 只能用在我们对其他版本库有写访问权限时。

- **只针对快进合并**：**push** 操作通常不会带来合并（不像 **pull** 命令）。**push** 操作只在快进提交模式下被允许。也就是远程版本库没有比本地更多更新的提交。

- **无远程跟踪分支**。

- **无参数调用 push**：在无参数的情况下，**push** 命令将只发送那些在其他版本库中有相同名字匹配的本地分支。与之不同的是，**pull** 和 **fetch** 所选取的都是全部分支。

需要注意的是，Git 会在快进合并不可行的时候拒绝推送。当然，你也可以通过**--force** 参数来强制推送。但我们不建议这样做，因为这有可能会导致其他版本库中的某个提交丢失。这时往往更好的做法是在本地解决冲突，具体步骤见如下说明。

按部就班：推送被拒绝后，下一步怎么做？

　　推送操作之所以会被拒绝，通常是因为相关的修改已经被添加到其他版本的同一分支里了。因此在推送能够执行之前，我们必须要先在本地解决冲突。

1.　找到冲突

push 命令会通过以下略显冗长的信息来报告这件事。

```
> git push clone feature-a

To /tmp/git-book-clone.git
! [rejected]
feature-a -> feature-a (non-fast-forward)
error: failed to push some refs to '/Users/stachi/Book/'
To prevent you from losing history, non-fast-forward updates
were
rejected. Merge the remote changes (e.g. 'git pull') before
pushing
again. See the 'Note about fast-forwards' section of
'git push --help' for details.
```

（为了防止历史记录被丢失，不属于快进合并的更新会被拒绝。因此在重新推送之前，我们需要对远端版本库中的修改进行合并（例如用 "git pull"）。相关细节参见 "git push --help" 文档中的 "Note about fast-forwards" 一节。）

---

2. 改变分支

```
> git checkout feature-a
```

3. 执行一次拉取操作

```
> git pull
```

4. 在必要情况下，清理合并冲突

```
> git mergetool

> git commit --all
checkout feature-a
```

5. 重新推送

```
> git push clone feature-a
```

如果我们调用的是无参数的 push，可能需要执行数次上述步骤，每个带冲突的分支都要执行一次。

9.10　命名分支

当我们在某个软件团队中进行共同协作时，对分支进行统一命名无疑是个明智的选择。

Git 允许开发者自由地命名本地分支。如果我们这样做了，就必须要在使用 **fetch**、**pull** 或 **push** 时在参数中用冒号来指定它们。用冒号之前的单词指定源分支，而冒号之后的单词则用于指定目标后支。下面来看个具体例子。

```
> git pull clone feature-a:favorite-feature
```

在这里，pull 命令从 **clone** 版本库中导入了 **feature-a** 分支，并在本地将该分支命名成了 **favorite-feature**。

删除远程版本库中的分支是一种特殊情况。对于这种情况，我们只需在使用带冒号参数的 **push** 命令时在冒号左侧留空，以表示将该分支设置成不指向任何地方即可。

按部就班：删除远程版本库中的分支

如果你想删除远程版本库中的某个分支的话，可以执行以下步骤。但我必须要警告你，这些步骤很有可能会造成某些提交丢失。

1. 删除远程版本库中的分支

请留意冒号的用法。

```
> git push clone :feature-a
```

2. 必须要的情况下，也要删除本地的相应分支

```
> git branch -d feature-a
```

9.11　本章小结

- **版本库 URL**：即以 URL 的格式指示远程版本库所在的位置，例如 **ssh://stachi@server.de:git-book.git**。该 URL 支持以下协议：**file、ssh、http、https、ftp、ftps、rsync 和 git**。

- **昵称**：我们可以用 **remote** 命令为版本库定义一个昵称，这样一来，我们每次在需要访问该版本库是就不必指定那么长的 URL 了。

- **获取**：**fetch** 命令可从远程版本的分支上获取提交。当然，它只能用于传送那些还不在本地的提交。

- **无参数获取**：该操作将检索远程版本库上所有分支上的提交。

- **不移动本地分支的获取**：该操作只获取相关提交，并设置远程跟踪分支。

- **远程跟踪分支**：我们可以指定远程版本库中分支的位置，例如 **clone/featurea**。然后 **fetch** 和 **pull** 命令就会去更新该远程跟踪分支。

- **pull = fetch + merge**：**pull** 命令是两种操作的组合。它首先执行的是获取操作。然后再将本地分支的修改与其检索到的远程版本库中的修改合并起来。

- **推送**：**push** 命令可将本地分支中的提交传送给远程版本库。

- **推送转换分支**：分支指针原本是在远程版本库中设置的，它们可以被设置为本地版本库的状态。

- **只针对快进合并的推送**：Git 会在有其他开发者在相同分支上执行推送的情况下拒绝我们的推送，因为这时执行快进合并是不可能的。在这种情况下，相关修改必须要先一并在本地进行处理，例如先执行一次拉取操作。

- **无参数的推送**：在这种情况下，就只有与远程版本库中有同名匹配的本地分支将会被传送。

第 10 章
版本标签

大多数项目都是用 1.7.3.2 和"gingerbread"这样的数字或名称来标识软件版本的。在 Git 中，我们可以用标签（tag）来做这件事。

10.1　创建标签

1. 创建一个普通的标签

在下面的例子中，我们会为 master 分支上的当前版本创建一个名为 1.2.3.4 的标签，并将其注释为"Freshly built."。

```
> git tag 1.2.3.4 master -m "Freshly built."
```

2. 推送某单一标签

推送操作通常不会自动传送标签。但如果我们明确指定了某个标签名，该标签就可以被传送了。

```
> git push origin 1.2.3.4
```

另外，使用带**--tags**参数的**push**命令也可以用来推送被传送分支的标签。

```
> git push --tags
```

如果我们在这里使用了 GnuPG（即 Gnu Privacy Guard）[①]，可以通过**-s**参数来提供该标签所带的数字签名。当然，这个前提是我们已经在 Git 中输入了默认 EMail 地址，而该地址同时也是注册 GnuPG 时所用的用户 ID。

```
> git tag 1.2.3.4 master -s -m "Signed."
```

[①] 译者注：Gnu Privacy Guard，简称 GnuPG 或 GPG，是一种公私密钥加密方式。用户可通过某种数字证书生成一对公私密钥，以此来确保数据的安全传输。

请注意！如果你创建标签时使用了**-m**、**-a**、**-s** 或**-u** 这些参数，Git 会将在版本库中将标签作为一个独立对象来创建。该对象中会包含相关用户以及创建时间等信息。而要是如果没有使用这些选项，Git 就只会创建一个所谓的轻量级标签，其中只有用于识别的提交散列值。

10.2　当前究竟存在哪些标签

如果我们不带任何参数地调用 **tag** 命令，就会列出当前所有的标签。这可能会是一个长长的清单。对此，我们可以通过**-l** 参数使用像 **1.2. *** 这样的表达模式来减少输出。

```
> git tag -l 1.2.*

1.2.0.0     Beginning.
 ...
1.2.3.3     New build.
1.2.3.4     Recently built.
```

10.3　打印标签的散列值

我们可以通过带**--tags** 参数的 **show-ref** 命令来列出标签对象的提交散列值。另外，你也可以通过-dereference 参数同时打印出其相应提交对象的散列值，它们将会被打上^{}标记。

```
> git show-ref --dereference --tags

...
f63cd7181787c9973788a97648796468cec474aa    refs/tags/1.2.3.3
cef89bbd7121aac3cc38fe3a342045c9401bd6b9    refs/tags/1.2.3.3^{}
4a0228bdd0ab5e0180422c82bf706c42671a81af    refs/tags/1.2.3.4
cef89bbd7121aac3cc38fe3a342045c9401bd6b9    refs/tags/1.2.3.4^{}
```

10.4　将标签添加到日志输出中

我们可以使用带**--decorate** 参数的 log 命令标签与各提交的分支。

```
> git log --oneline --decorate

cef89bb (HEAD, tag: 1.2.3.4) Again, everything rebuilt.
9d4caed Merge branch 'Other'.
dcd1c6c Changed.
cce1a68 (tag: 1.2.3.3) Something changed
```

10.5 究竟在哪个版本里呢

我们常常会面临一个问题,就是要判断某一特定的功能或 bug 修复是否被包含在客户所安装的那个版本中。如果其对应的提交是已知的,问题显然很容易回答。用带**--contains**参数的 **tag** 命令就可以列出历史记录中包含该提交的所有标签。

```
> git tag --contains f63cd71

1.2.3.3
1.2.3.4
```

请注意! 如果有一些提交曾经被复制过,就有可能会对上述结果产生误导。例如,如果这些版本是通过捡取操作被放在一起的,要想找出特定修改是否包括在内就非常麻烦了。对此,我们可以用 **log** 命令时在特定标签后面加上对注释内容的搜索。

```
> git log --oneline 1.2.3.3 | grep "a comment."
```

但这也只有在我们所添加的注释中包含了能用于识别修改的信息时才行得通,这需要我们往其中添加有意义的注释或者 bug 跟踪管理系统中的 ID。另外,这也是我们应该避免复制提交的重要理由之一。

10.6 如何修改标签呢

我的建议是最好不要去修改它。在 Git 中,标签的作用是为某一版本提供一个永久性的标记。只要它还没有在推送操作中被传送给别的版本库,我们是可以用**--force** 参数以重新创建的方式来修改它的。但如果该标签已经被广泛采用,这时再发布变更,势必就会引起混淆。

10.7 当我们需要一个浮动标签时

如果我们需要一个可移动的标志,比如用来标识区分当前生产环境中已上线/未上线的状态,那么应当使用一个分支,而不是标签。

10.8 本章小结

● **创建标签**:即用 **tag** 命令来创建标签。

- **推送**：**push** 命令可以只用来传送那些被明确指定的标签，例如这样 **git push origin 1.2.3.4**，当然，如果我们使用了**--tags** 参数就不用指定标签了。

- **拉回与获取**：**pull** 和 **fetch** 这两个命令都会自动获取其所涉及分支中的所有标签，除非我们在命令中使用了**--no-tags** 参数。

- **显示所有标签**：这件事可以通过 **git tag -l** 命令来完成。

- **在日记中显示标签**：我们可以使用 **git log --decorate** 命令。

- **共享标签中的提交**：如果想要知道某一标签中是否包含了某一提交，我们可以用带 **--contains** 参数的 **tag** 命令。

- **浮动标签并不存在**：在 Git 中，标签应该是一个永久性的标记，它们在创建之后不应该被修改。如果你真的会需要修改标签，其实往往只需要使用一个分支即可。

第11章
版本库之间的依赖

在 Git 中，版本库是发行单位，代表的是一个版本，而分支或标签则只能被创建在版本库这个整体中。如果一个项目中包含了若干个子项目，它们有各自的发布周期和属于自己的版本，那我们就必须要为每个子项目建立对应的版本库了。

对于主项目和子项目之间的关系，我们可以通过 Git 中的 **submodule** 或 **subtree** 命令来实现。

请注意，**subtree** 命令是在 1.7.11 这一版本中首先被正式纳入 Git 的。但该命令只是 contrib 目录下的一个可选组件。有些 Git 的安装包会自动包含的 **subtree** 命令，而另一些则需要我们去手动安装。

子模块和子树这两个概念之间的主要区别在于：带子模块的主版本库只能发布模块版本库，而模块版本库的内容中带有子树的话，该模块版本库就被导入了主版本库中。

11.1　与子模块之间的依赖

对于子模块来说，其模块版本库可以被嵌入到主版本库中去。为了实现这一点，模块版本库中的提交会以目录的形式被链接到主版本库中。

下面，我们通过图 11.1 来看看其基本结构。该图中有 **main** 和 **sub** 两个版本库。在主版本库中，**sub** 目录将会与模块版本库相链接。这样，主版本库工作区的 sub 目录下就有了一个完整的模块版本库。但事实上主版本库其实只是引用了模块版本库。为了实现这一目标，我们就得有一个名为 **.gitmodules** 的文件，以便用来定义各模块版本库所在的绝对路径。

```
[submodule "sub"]
path = sub
url = /project/sub
```

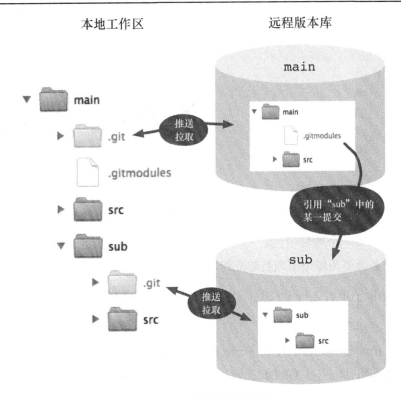

图 11.1　子模块的基本原理

除了 .gitmodules 文件之外，子模块的引用信息还会被被保存在 .git/config 文件中。该文件会在我们调用 **submodule init** 命令时完成存储，届时该命令会将从 .gitmodules 文件中读取的信息写入到 .git/config 文件中。有了这样的间接配置，我们就可以在 **git/config** 文件对模块版本库的路径进行本地化调整了。

```
[core]
repositoryformatversion = 0
filemode = true
bare = false
logallrefupdates = true
ignorecase = true
[submodule "sub"]
url = /project/sub
```

凭借上述信息，我们是不可能为主版本库中的每次提交都重现相应模块版本库的版本的。也正因为如此，模块版本库中的提交才仍会被需要。这些都将会被存储在主版本库的对象树中。下面我们来看看该对象树。其第三项 **sub** 就是一个子模块，它可以被识别成 **commit** 类型，随后的散列值引用的就是模块版本库中的提交。

```
100644 blob 1e2b1d1d51392717a479eaaaa79c82df1c35d442    .gitmodules
100644 tree 19102815663d23f8b75a47e7a01965dcdc96468c    src
160000 commit 7fa7e1c1bd6c920ba71bd791f35969425d28b91b  sub
```

按部就班：嵌入一个子模块

在这里，我们要将一个现有 Git 项目以子模块的形式嵌入到一个不同的项目中。

1. 链接目录

如果我们想要纳入某个子模块，就必须调用 submodule add 命令，并指定该模块版本库的绝对路径与该模块所在的目录名：

```
> git submodule add /global-path-to/sub sub
```

这样一来，模块版本库就会被完整地克隆到指定目录中（并且它也会创建属于它自己的.git 目录）。此外，主版本库中的.gitmodules 文件也将被同步创建或更新。

2. 在 config 文件中注册子模块

除此之外，新的子模块还需要被注册到.git/config 文件中。我们可以通过 submodule init 命令来完成这件事。

```
> git submodule init
```

3. 选择子模块的版本

该模块版本库的工作空间最初会被设置为默认分支的 HEAD。如果我们想要子模块中的另一提交，就需要用 checkout 命令来选择一下相应的版本。

```
> cd sub
> git checkout v1.0
```

4. 将该.gitmodules 文件和子目录添加到提交中

当我们添加一个子模块时，主版本库中的.gitmodules 文件就会随之被创建或更新。然后，我们就必须要将其添加到提交中去。此外，子模块所在的新目录自然也要添加。

```
> cd ..
> git add .gitmodules
> git add sub
```

5. 做一次提交

最后，我们需要在主版本库中做一次提交。

```
> git commit -m "Submodule added"
```

如果我们克隆了一个带子模块的版本库，就必须调用一下 **submodule init** 命令。该命令会将**.git/config** 文件中各子模块的 URL 传送过来。之后，我们就可以调用 **submodule update** 命令来克隆模块版本库所在的目录了。

> **按部就班：克隆一个带子模块的项目**
>
> 　　当我们克隆一个带子模块的版本库时，最初在工作区中创建的只有主版本库。其子模块必须要进行显式的初始化和更新。
>
> **1. 初始化子模块**
>
> 首先，我们必须要用 submodule init 命令来完成子模块的注册。
>
> ```
> > git submodule init
> ```
>
> **2. 更新子模块**
>
> 待该子模块在完成 Git 的初始化配置之后，我们就可以通过 submodule update 命令来下载完整的子模块了。
>
> ```
> > git submodule update
> ```

　　我们可以用 **submodule status** 命令查看子模块中被引用提交的散列值。其中如果存在标签的话，也会以括号的形式显示在输出的结尾处。

```
> git submodule status
091559ec65c0ded42556714c3e6936c3b1a90422 sub (v1.0)
```

　　在这里，Git 往往引用了模块版本库中的一次提交。而与此同时，该提交对象的散列值也是主版本库中每次提交的一个部分。模块版本库中随后的新提交并不会自动被记录在主版本库中。这种操作必须要显式执行，以便我们在主版本库中恢复某一项目版本时可以获取与之相匹配的、模块版本库中的项目版本。

> **按部就班：使用子模块中的新版本**
>
> 　　在发现子模块中有新版本可用了，我们要怎么做呢？
>
> **1. 更新子模块**
>
> 首先，我们需要将子模块的本地工作区调整到理想的状态。通常情况下，我们应该执行一次 fetch 命令，以获取模块版本库中的最新提交。
>
> ```
> > cd sub
> > git fetch
> ```
>
> 接下来，我们要用 checkout 命令指定自己所需要的提交。
>
> ```
> > git checkout v2.0
> ```
>
> **2. 使用新版本**
>
> 最后，将该新提交预备到模块目录中，并提交它。
>
> ```
> > cd ..
> ```

```
> git add sub
> git commit -m "New version of the submodule"
```

如果我们想在主版本库中使用模块版本库的某一新版本，就必须要对其进行显式修改。

如果我们同时在主版本库与模块版本库中工作，就必须要将修改同时提交到两个版本库中。如果你还有一个中央版本库，那么这两个版本库都必须分别执行 **push** 命令，各自单独完成传送。

按部就班：与子模块相关的工作

在工作区中，主版本库与模块版本库中的文件都已经被修改了。随后，主版本库应该要指向模块版本库中的新提交。

1. 提交并推送模块版本库中的修改

首先，我们要对模块版本库中的修改完成一次提交，并在可能的情况下将其用 push 命令传送给中央版本库。

```
> cd sub
> git add foo.txt
> git commit -m "Changed submodule"
> git push
```

2. 提交并推送主版本库中的修改

接下来，我们要将主版本库中的修改，其中包括对模块版本库的引用提交，并在必要的情况执行传输。

```
> cd ..
> git add bar.txt
> git add sub
> git commit -m "New version of submodule"
```

每次在对包含子模块的工作区执行更新之后后，我们应该随之调用 **submodule update** 命令来获得各子模块的正确版本。

如果这次是添加了一个全新的子模块，那么在执行 **submodule update** 命令之前，我们还应该先调用一下 **submodule init** 命令。

另外作为开发者，如果我们在每次更新工作区内容（包括签出、合并、变基、重置、拉取等操作）之后都要执行一次初始化-更新命令序列，就说明事情做得不够好。

> **按部就班：更新子模块**
>
> 　　如果某子模块的新版本是由别的开发者所记录，那么我们就应该更新自己本地的克隆版本库和工作区。
>
> ```
> > git submodule init
>
> > git submodule update
>
> From /project/sub
>    091559e..4722848   master       -> origin/master
> *[new tag]            v1.0         -> v1.0
> *[new tag]            v2.0         -> v2.0
> Submodule path 'sub':
> checked out '472284843ce4c0b0bb503bc4921ab7...1e51'
> ```

　　当然，只有在当前工作区中没有相应的模块项的时候，**submodule init** 命令才会将 .gitmodules 文件中的信息传送给 .git/config 文件。这样一来，我们就可以对模块版本库的路径进行本地化调整了。但如果这时有另一个开发者已经修改了 .gitmodules 文件中的正式路径，我们的修改就不会被接受。这就必须要通过 **submodule sync** 命令来完成此任务了。该命令会更新 **.git/config** 文件中的路径并覆盖掉所有的本地修改。

11.2　与子树之间的依赖

　　利用子树的概念，我们可以将一些模块版本库嵌入到某一个 Git 版本库中。为了实现这一点，我们必须要将该版本库中的某一目录与模块版本库中的某一提交、标签或分支关联起来。但与子模块不同的是，这回是一个被嵌入的模块版本库，其全部内容是被导入主版本库，而不在仅仅是引用了。这使得主目录中的工作相对更为自给自足了。

　　下面，我们通过图 11.2 来看一下子树处理的基本结构。在该图中，我们有 **main** 和 **sub** 两个版本库：我们（通过 **subtree add** 命令）将主目录中的 **sub** 目录与模块目录链接了起来。而在主版本库的 **sub** 目录下，我们看到了来自模块版本库中某一版本的文件。

　　从技术上来说，**subtree add** 命令会将模块版本库中所有的提交都导入到主版本库中（即提交 **S1** 和 **S2**）。然后，主版本库的当前分支就被链接到了模块版本库的特定提交上（即合并提交 **G3**）。在内部，Git 用到了它的子树合并策略（**--strategy=subtree**）。这样一来就在特定的目录里出现了一次合并，将模块版本库中的内容载入到了 **sub** 目录下。

> **按部就班：嵌入一个子树**
>
> 　　如果想要嵌入一个模块版本库，我们就要通过 subtree add 命令将它添加到主版本库中

（只需要调用一次 subtree add 即可）。在这种情况下，你可以通过--prefix 选项来指定目录。此外，目标模块库及其标签或分支的 URL 也必须要指定。

> **git subtree add --prefix=sub /global-path-to/sub v2.0**

如果模块版本库的历史记录无需与主版本库相关，你也可以用--squash 选项限制其只获取特定提交的内容。

> **git `subtree add --squash --prefix=sub /global-path-to/sub**
  master

该命令会产生一个新的合并提交，并会以注释的形式添加它的散列值，这可以使得我们在下次更新时获取正确的模块提交。

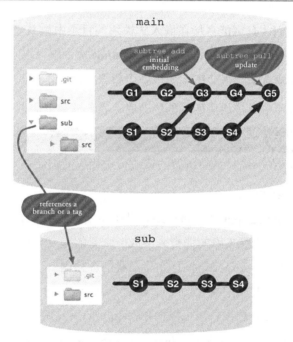

图 11.2　子树的基本原理

与子模块不同的是，当某一带子树的版本库被克隆时，我们通常并不会观察到什么特殊情况。一般情况下，**clone** 命令都会去捡取整个主版本库以及它所包含的所有模块版本库。

> git clone /path-to/main

按部就班：使用子树中的新版本

以下操作的前提是被嵌入的子树中已经有别的版本正在使用。

我们可以用 subtree pull 命令来更新一个已被嵌入的子树。只要是可用于 subtree add 的参数都可用于 subtree pull 命令。如果你在使用添加命令时使用了一个标签，必须用一个新的标签来代替。如果已经使用了一个分支，也可以指定是同一分支还是不同分支。如果该分支上没有任何修改，subtree pull 命令就不会做任何事。

```
> git subtree pull --prefix=sub /global-path-to/sub v2.1
```

此外，通过在拉取操作中使用--squash 选项，我们可以跳过模块版本库的历史记录。在这种情况下，没有中间提交会被涉及到，只有那个被指定的提交。当然，我们也可以用--squash 选项返回到模块版本库的某一个旧版本上，例如，从 2.0 版回到 1.5 版。

```
> git subtree pull --squash --prefix=sub /global-path-to/sub
  master
```

另外通过子树，我们才有可能直接在嵌入式模块的目录中做某些修改。在这里，如果我们并没有什么特别需求的话。只需调用一般性的 **commit** 命令就可以了。当然，我们也可以将主版本库中的相关修改或者某一提交中一个或多个模块目录版本化。

只有在重发各版本库中对模块所所做的修改时，我们才需要采取一些预防性措施。

按部就班：扩散模块版本库中的修改

在这里，我们要将在模块目录中所做的修改传送相应的模块版本库中去。

1. 分离模块目录中的修改

首先，我们要用 subtree split 命令将模块目录中所发生的修改从其他修改中分离出来。该命令会基于目前已知模块版本库的提交来生成一个新的提交，该新提交中将包含各提交中那些被修改的了模块文件。该命令执行完后，我们会得到一个指向这个新提交的本地分支（例如 sub/master）。如果你在调用 subtree add 和 subtree pull 命令时没有使用--squash 选项，在这里可以使用--rejoin 选项。这可以简化对 sqlit 的反复调用。

```
> git subtree split --rejoin --prefix sub --branch sub/master
```

2. 合并模块版本库中的修改

模块版本库中的本地修改必须要跟远端的修改进行合并。因此，我们先要激活新建的分支，并检索出目标分支中的最新版本。然后，我们就必须要合并这两个分支。

```
> git checkout sub/master
> git fetch /global-path-to/sub master
> git merge FETCH_HEAD
```

请注意，上面带 URL 的那个获取操作会创建一个临时引用 FETCH_HEAD，该引用会指向其获取分支中的最新提交。如果你此刻正在某个远程分支上工作，理所当然可以使用其远程名称而不是 URL。在这之后，目标分支将就可直接使用了，并不非得是 FETCH_HEAD。

3. 将修改传送到模块版本库中，并删除临时分支

临时分支中的本地修改必须要被推送到远程模块版本库中。在推送完成之后，我们可以切换回主版本库的分支，并删除该临时分支。

```
> git push /global-path-to/sub HEAD:master
> git checkout master
> git branch -d sub/master
```

从上述内容，我们可以清楚地看到，大部分子树操作都要比那些相应的子模块简单一些，两者只有在提取修改方面的复杂度是差不多的。

但在多数情况下，我们是不会用到提取操作的，因为我们是在主版本库上工作，而不是模块目录中。

11.3　本章小结

- **嵌入子模块**：我们可以通过 **submodule add** 和 **submodule init** 命令来嵌入一个子模块。

- **克隆包含子模块的项目**：我们可以在克隆该项目后，对其调用 **submodule init** 和 **submodule update** 命令。

- **选择子模块中的某个新版本**：首先，我们要（通过 **checkout** 命令来看）选择在子模块目录中的新提交。然后，在主版本库中对其做一次提交。

- **同时处理模块版本库与主版本库**：我们必须要先在模块版本库中执行提交，然后才能在主版本库中执行提交。另外，两个版本库的推送操作也必须要各自执行 **push** 命令。

- **嵌入子树**：我们可以通过 **subtree add** 命令来嵌入子树。

- **选择子树中的某个新版本**：我们可以通过 **subtree pull** 命令来将模块目录更新到所需的分支或标签上。

- **提取模块目录中的修改**：我们可以通过 **subtree split** 命令创建一个单独的分支，用于包含模块目录在的修改。然后再使用 **merge** 命令将这些修改与其他修改合并，并用 **push** 命令完成推送操作。

第 12 章
技巧

我们不希望让一些介绍性章节超出它所能承载的范围，因此之前一直将自己限制在基本概念和典型应用这方面的内容上。但在这一章中，我们将会带你来看一组技巧。这些技巧中的一些在特定情况下是非常有用的，但我们也有可能永远都会不需要它们。因此，或许你可以先粗略地浏览一下本章，充分了解一下这里所涉及的内容。然后在真正需要它们时，再回过头来看具体细节。

12.1　不要慌，我们有一个引用日志

"Git 就像一条狗，它闻得出你的恐惧。"

当我在 Twitter 时间线看到这句话时，被它逗笑了。的确，Git 对初学者来说会有点吓人。但如果非要说 Git 是一条狗，那么它应该更像是一条牧羊犬。因为它始终在试图保护它（开发者）的牧群。

我们都知道，Git 通常不会立即删除版本中的对象。因此，无论何时我们修改了一些东西也好，用 Git 在版本库中新建了一些对象也罢，旧的对象都不会被删除。即使是垃圾回收机制也一样，例如，即使我们调用了 **gc** 命令，也仅仅是删除了一些符合特定最小年龄值的对象，默认设置是两个星期（其配置选项：**gc.pruneexpire**）。

此外，Git 也会持续跟踪一个分支上所发生的所有修改，并将这种所谓的引用日志长期保存在 **.git/logs** 目录中。我们可以通过 **log** 命令的 **--walk-reflogs** 选项来显示一个分支本地历史记录。

```
> git log --walk-reflogs mybranch
```

只要我们能找到包含"丢失"修改的提交，就可以把这次修改恢复过来，例如通过 **cherry-pick** 命令、**rebase** 命令，或者执行因此简单的合并操作都可以。

请注意！对于本地克隆版本库来说，引用日志通常是处于活动状态的。而我们平常放在服务器上的裸版本库在默认情况下是没有引用日志选项的，你可以通过以下命令来打开它。

```
> git config core.logAllRefUpdates true
```

当然，我们也可以直接将其用于系统级默认设置。

```
> git config --system core.logAllRefUpdates true
```

12.2　忽略临时性的本地修改

有时候，我们虽然也会用 Git 去修改一些管理文件，但可能并不想将这些修改纳入版本化控制。举个例子：在写这本书的时候，我们常常会注释掉一些章节，为的是可以更快地完成整个文档。在这种情况下，我们一般是不会希望将这些修改版本化的。再比如：为了找到某个错误，我们可能会需要生成一些额外的调试信息，这些信息也不是我们以后所需要的。

.gitignore 文件中的那些条目在这里可起不了作用，因为它们只针对那些不受 Git 管理的文件。当然。我们也可以用选择性提交的方式来绕过这个问题。但这会很无趣，因为这样一来，我们在后续每次提交中都不得不再重新选择一次，以说明自己修改了什么以及不接受什么修改。

按部就班：忽略一些已被版本化的文件

在这里，Git 的管理文件会被暂时忽略，所以我们对这些文件的修改将不会被接受。

1. 忽略一些已被版本化的文件

我们可以通过 update-index 命令的--assume-unchanged 选项来在暂存区创建某种标记，以确保 Git 会不再检查这些被标记所指定的文件是否被修改过，这就对于我们假设该文件不会再被修改了。

```
> git update-index --assume-unchanged foo.txt
```

2. 回到工作上来

现在，我们可以回到工作上来了，因为 status 和 add 命令都不会显示 foo.txt 文件中所发生的修改了。

3. 停止忽略

我们可以用--no-assume-unchanged 选项来取消--assume-unchanged 选项对各单一文件的影响。另外，你还可以用--really-refresh 命令来重置一下所有文件的状态。

```
> git update-index --really-refresh
```

12.3　检查对文本文件的修改

一般情况下，Git 的 diff 算法会去逐行比较两个文件。因为在源代码中，我们往往修改的都是单行内容，其邻近行通常不会被波及，所以 diff 算法很容易就能察觉到其中的不同。但在文本文件中，事情就不一样了。因为其修改往往是整体性的，例如我们可能会将某些单词整体从一行移动到另一行。所以从 diff 的输出中，我们往往很难看出一个文本文件究竟修改了哪些内容。

```
> git diff
...
-Walter goes every
-day to schiil.
+Walter goes to
+school.
...
```

对于连续性的文本，**--word-diff** 选项会很有用，因为它可以按单词显示我们所做的修改。

```
> git diff --word-diff
 ...
Walter goes [-every -]
[-day] to
[-schiil.-]{+school.+}
...
```

另外，我们也可以设置**--word-diff=color**，以便用一种不同的颜色来显示文件中的不同。

12.4　别名——Git 命令的快捷方式

如果我们经常以命令行的形式使用 GIt 的话，为频繁使用的命令定义一些快捷方式可能会很有帮助。

```
> git config --global alias.ci commit
> git config --global alias.st status
```

在这里，我们为 commit 和 status 这两个命令分别设置了别名 ci 和 st。现在你可以立即使用它们了。例如：

```
> git st
```

别名也被 Git 的自动完成功能（如果已安装了的话）考虑在内。因此，它也可为一些很少被用到的命令设置别名。例如：

```
> git config --global alias.ignore-temporarily
    'update-index --assume-unchanged'
```

12.5 为临时指向的提交创建分支

如果我们正在查找错误或试图解决某些棘手的合并冲突，可能经常要记住那些相关的提交，例如能指向这一切的某个指针，或是某个合并基点。我们似乎得从在纸上列出这些提交的散列值开始，其实完全不必如此！我们只需要在发现感兴趣的提交时简单地为其创建一个分支就可以了。

```
> git branch tmp/a-silly-error 8b167
```

现在，我们可以直接用名字来应用提交了。因为 Git 的自动完成跟你现在"知道"了这个名字。例如，我们可以这样找出包含了该提交的标签。

```
> git tag --contains tmp/a-silly-error

1.0.2
1.0.3
```

接下来，我们可用以下命令来创建一个名为 **tmp/merge-base** 的分支，以指向 **master** 和 **feature** 这两个分支的合并基点。

```
> git branch tmp/merge-base
          'git merge-base master feature'
```

这里的 **tmp/** 前缀是一个命名约定：属于临时分支的名称空间，以便我们更容易将它们与正常的分支区分开。当然，这不是一个技术要求。我们可以调用任何想调用的临时分支。

晚些时候，我们可以用以下命令清理这些分支。

```
> git branch -D
    'git branch --no-color --list tmp/\*
    | grep -v '* '
    | xargs'
```

12.6 将提交移动到另一分支

当我们进行某些修改的时候，当然最好是能在对的分支上做。但有时我们会犯错，并且在某个错的分支上做事。在这种情况下，我们就不得不需要将一些移动到另一个分支上去了，如图 12.1 所示。

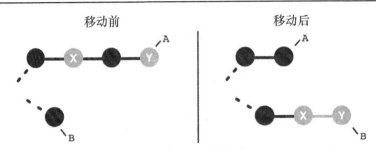

图 12.1　将提交从分支 A 移动到分支 B

按部就班：将提交移动到另一分支

在这里，我们需要将一些提交从分支 A 移动到分支 B 上去。

1. 对提交进行重新排序，并用 tmp/SPLIT 标记出其分界点

为了完成移动，我们必须要让这些提交置于分支的末端。

`> git rebase --interactive`

在编辑器中，我们进行了逐行排序，然后将其顶部那些行继续留在 A 中，而位于底部的则都移动到 B。在这个过程中，我们会用 exec 命令创建一个临时分支 tmp/SPLIT，该临时分支所标记的就是上述两者的分割点。

```
pick 6a2f459 should stay in A 1
pick 05c2935 should stay in A 2
exec git branch -f tmp/SPLIT
pick af22ed6 should go to B 1
pick 4f30adf should go to B 2
```

现在，tmp/SPLIT 分支所指向应该是留在 A 中的最后一次提交。

2. 执行转移

首先，我们要创建一个名为 tmp/MOVE 的临时分支，然后再来移动它。再接下来，用 merge 命令将 tmp/MOVE 转移到分支 B 上。最后，将剩余的提交截留在分支 A 中。

```
> git checkout -B tmp/MOVE A
> git rebase tmp/SPLIT --onto B

> git checkout B
> git merge --ff tmp/MOVE

> git branch --force A tmp/SPLIT
```

请注意！移动提交可能会扰乱其他开发者的工作。所以，我们应该只移动那些没有与其他开发者共享的提交，或者你必须要将相关信息知会其他开发者，并要求他们各自将已开发的提交移动到这些被移动提交的顶部。

第 13 章
工作流简介

在前面的章节中，我们学习了 Git 的基本概念。其中只涉及到了一些最重要的命令及其最重要的一些参数。

使我们选择了这样的话题，你或许还是会问：那么，我们究竟应该多久进行一次重新合并或变基呢？

而且，你也肯定已经通过互联网搜索以及亲身遇到的各种应用接触到了更多的命令及其参数。这种灵活性既是 Git 强项也是它的缺点。

我们接下来要谈的工作流是 Git 在项目开发过程中的一个典型用途。在这里，我们所要介绍的重点是如何完成任务，而不是介绍更多参数。每个工作流的都只有一个解决方案来说明。这说明在细节上要做到尽可能地详尽，这样才能让工作流满足我们的工作，并且不用频繁地查看帮助文档。

即使你有多年的 Git 使用经验，也会遇到一些平常不太需要做的任务，例如分割某个版本库。在这种情况下，工作流可为相关的命令做一个简要说明。

甚至在任务需要的情况下，我们还会在工作流中还会用到一些更鲜为人知的命令和参数。因此，你也确实需要学习更多用 Git 做事的方式。

13.1　我们会在什么时候使用这些工作流呢

谈到工作流选择这个话题，我就得来观察一个典型的项目开发过程。

13.1.1　项目开始阶段

如果你是从头开始了一个新项目，并已决定了用 Git 来进行版本控制。那么，你的第一个任务就是为版本化的工作选择并设置一个基础架构。我们将会在第 14 章中介绍该工作流。

而如果我们面对的是一个需要被迁移到现有 Git 项目中的项目，那需要用到第 15 章中所介绍的工作流了。

13.1.2 项目开发阶段

一旦我们定义好了基础架构，对于分支的处理就应当有明确的团队分工了。我们要么就让所有的开发者都在同一分支上工作，该工作流会在第 15 章中为你介绍，要么我们就得为每个任务创建一个独立的特性分支，我们将会在第 16 章中介绍该工作流。

如果在开发过程中突然出现了一些之前版本中不存在的错误，第 17 章中所介绍的工作流可能会有助于我们找到问题的根源。

为了确保修改的质量，我们还应该设置一些自动化构建和测试。而如何让 Git 在一台构建服务器上工作，就请参考第 18 章中所介绍的工作流，

如果你目前还没有使用 Git 来对项目进行版本控制，但仍希望在工作中使用 Git，那么你可能会对第 23 章中所介绍的工作流感兴趣。

13.1.3 项目交付阶段

在当前版本开发完成之后，我们应该要确保交付给客户是一个经过良好测试的产品。与此同时，要为下一次的发布以及解决最新发行版中尚未解决的问题做好准备。我们将会在第 19 章中讨论该工作流。

13.1.4 项目重构阶段

项目的需求会随着时间和新的理解而产生变化。因此，我们必须要重新考虑到自己会将一个项目分割到多个 Git 版本库中的可能性。

铁板一块的项目即使最初规模很小，也是会增长的，它必须被模块化。对此，你可以参考第 20 章中的工作流，我们将会为你介绍如何将一个大型版本库分割成几个较小的版本库。

当然，也有可能出现相反的情况。处理一个被分割到多个版本库中的项目可能过于复杂了。对此，你可以参考第 21 章中的工作流，看看如何将这些版本库重新合并起来。

当某个项目已经存在了很长一段时间，经历过多次修改，相关版本库会增加到非常大的规模。其所有文件的历史记录中包括了每个开发者的本地工作区中的文件。特别地，当早期

版本中有大型二进制文件被版本化的话，就很可能会带来不必要的资源消耗。对此，我们将会在第 22 章中介绍如何将一个项目的历史记录分割，并且让每个开发者只在本地存储较新的版本。

13.2 工作流的结构

下面来看一下上述这些章节在介绍工作流时的结构安排，这里对每一节都做一个简短的介绍。

13.2.1 条目

每个工作流开头都会有一个简短的动机说明，用来解释我们会基于什么原因以及在什么情况下使用这个工作流，描述的是其中心任务中可能的决定和特定的功能。通常在结尾处还会有一段关于该工作流的要点总结。看完了这一节，你就能判断自己的项目是否与该工作流相关了。

13.2.2 概述

在这一节中，我们将会以具体实例的方式来为你描述该工作流的基本过程，并介绍完成该工作流所需要的基本术语、概念和 Git 命令。

看完了这一节，我们将会了解该工作流的工作原则以及其中会用到什么 Git 资源。

13.2.3 使用要求

每个工作流都只能在一定条件下运作。看完了这一节，我们将学会判断是否可在项目中使用该工作流①。你会认识到使用该工作流需要怎样的前提条件，或者它不适用的原因。

13.2.4 工作流简述

这部分会用几句话对工作流做一个简要概述，以提出它的主要概念和思路。如果你把本书当作参考书来用，这一页就是其提示部分。

13.2.5 执行过程及其实现

一个工作流通常可以由一个或多个过程组成。这里的过程所描述的是我们在完成一个任务的过程中所需要执行的独立子任务。我们将在这一节详细介绍每一个过程，包括其中一定

---

① 译者注：原文此处是 workspace，结合上下文来看，译者个人理解应该是 workflow，原文有误。

会用到哪些 Git 命令、这些命令要配合哪些参数、以及按什么顺序来运行。我们还会特意给出具体的实现。

看完了这一节，我们就会知道如何用 Git 来实现相关功能了。

13.2.6 何不换一种做法

Git 是一个非常强大的工具箱，它的各种工具都可以用来解决多种任务。我们会在这一节讨论一下替代方案，解释为什么可以这样做。

当然，也有可能替代策略全都不符合我们的视角或本身就不可行，但只要它们在某一不同环境中能成为可行的解决方案也是可以的。在这部分，我们也会讨论这些只对任务中某种特殊情况有用的解决方案。

总之，这一节将会更彻底地为你解释我们挑选 Git 工具的缘由，同时也会展示问题的替代解决方案。

第 14 章
项目设置

一旦我们决定了要在项目中使用 Git，首先要做的第一步就是为其 Git 版本库分配相应的文件与目录。这一步的重点是我们要决定被版本化的项目是要用单一版本库还是多个版本库。由于 Git 版本库中只能创建分支和标签，这在很大程度上也等于是在决定该项目的发布单元。

待划分完项目后，我们还得要为每个模块建立相应的版本库并对其进行填充。当然，空目录与尚未被版本化的文件会被特殊对待。

在进行团队协作时，我们还必须要为各模块定义一个中央版本库。团队中的所有开发者都将优先从该中央版本库里获取当前的状态并记录下他们的修改。

另外，我们还必须要决定团队中所有开发者能以什么方式访问中央版本库。Git 支持各种访问方式，例如通过共享网络设备、Web 服务器，以及某种专有网络协议和安全壳架构协议（即 SSH）来访问等。

至于我们究竟要选择哪一种协议，这取决于我们自身现有的基础架构、本地布局情况、以及所拥有的管理员权限。

上述工作流应具体包含如下内容。

- 如何将项目目录转换成一个版本库。

- 如何版本化空目录。

- 如何处理行尾终止问题。

- 中央版本库有哪些服访问选项可用，它们应该如何设置。

- 团队成员应该如何访问中央版本库。

14.1　概述

该工作流将由两个步骤组成。在第一步中，我们要为自己的项目目录创建相应的版本库。而在第二步中，我们要为所有的开发者提供一个可用的中央版本库。

在图 14.1 中，我们将会看到一个名为 **projecta** 的项目是如何被转换成版本库的。这其中，特别要注意一个名为 **EmptyDir** 的空目录，因为 Git 通常是不会将空目录纳入版本控制的。你可以通过在该空目录中创建一个文件（例如.**gitignore** 文件）的方式强制 Git 将该目录纳入版本控制。

同样地，我们也应该要确保自己在第一次提交时没有将一些不该被版本化的文件放入版本库，例如一些构建结果和临时文件。在这个例子中，我们可以看到这些文件都被存放在 **TempDir** 目录中。另外，备份文件所在的存储目录也不应该被纳入版本控制。为了在未来的提交中排除这个目录，我们应该在项目的根目录中创建一个.**gitignore** 文件，并在该文件中指定要忽略的目录。

下面进入第二步，我们现在要将新建的版本库提供给其他开发者使用。到目前为止，Git 支持了几种不同协议的变体。

- **file**：经由共享网络设备访问的协议。

- **git**：专用服务器服务的网络通信协议。

- **http**：经由 Web 服务器访问的协议。

- **ssh**：　经由安全壳架构访问的协议。

在 Git 中，对于同一版本库的多点访问是可以并行部署的。在实际例子中，我们常常会为匿名读取访问配置 HTTP 协议，而为写访问配置 SSH 协议。

14.2　使用要求

- **共享服务器**：对于 Git 的协同环境，我们可以选择某种共享网络设备，也可以选择一台启动相关服务的服务器，或者选择一台支持 CGI 或 SSH 基架构的 Web 服务器，总之这三者必选其一。

● **分配项目级权限**：Git 只能识别版本库整体的读写权限，也就是说，它不能将权限细化到单个目录中。

14.3　工作流简述：设置项目

在该工作流中，我们会将项目目录导入到一个新的版本库中，并让该版本库来充当整个开发团队的中央版本库。

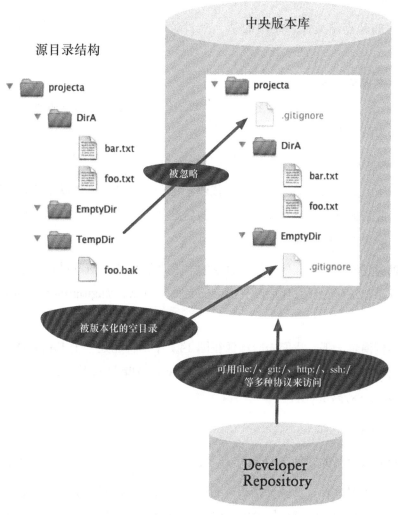

图 14.1　工作流概览

14.4　执行过程及其实现

下面，我们就以图 14.1 中这个简单的 **projecta** 项目为例来做一个过程演示。

14.4.1　基于项目目录创建一个新的版本库

在这一节中，我们将演示如何基于现有的项目来创建一个纯版本库。这个纯版本库是我们后期为团队创建共享版本库的一个先决条件。

整个过程的起点是文件系统中的某一个目录，现在我们要逐步将其转换成一个纯版本库。

第 1 步：准备空目录

Git 基本上是一个内容追踪器，它能对不同类型的文件进行有效的版本化管理。相比之下，目录只能被视为结构单元，并与文件一道被纳入版本控制。

但空目录在 Git 中是个无关对象，它不能通过 add 命令被填加到提交中。

通常情况下，只要我们的开发环境不依赖于这个空目录，你可以先忽略它们。但在某些情况下，由于我们的开发环境和相关工具会假定这些目录是存在的，因此我们不能删除这些空目录，一旦缺失了这些目录，它们就会报错。

我们可以通过添加一个文件到该空目录的方式来强制 Git 对其进行版本化。从理论上来说，我们可以添加任何对开发环境没有影响的文件。所以添加**.gitignore** 或**.gitkeep** 文件应该都是合适的。

下面来实例演示一下，我们先应该像在图 14.1 中那样创建一个 **EmptyDir** 目录。然后，在该目录下调用 UNIX 系统的 **touch** 命令，就在 **EmptyDir** 目录下创建了一个空文件。

```
> cd projecta/EmptyDir

> touch .gitignore
```

这种以点开头命名的文件在 Unix 中属于隐藏文件，多数开发环境会忽略掉它们。

而且，某些临时文件（如编译结果）也经常会被添加到空目录中。为了防止这些文件被错误地纳入提交，我们可以在该目录中创建一个**.gitignore** 文件，并在其中插入一个带有星号（"*"）的行，以便告诉 Git 该目录中所有文件都将被忽略，这样它们在 status 命令被调用时就不会显示在"未跟踪"列表中。

下面我们用 Unix 系统的 **echo** 命令创建一个新的**.gitignore** 文件，并在其中插入"*"。

```
> echo "*" > .gitignore
```

第 2 步：忽略不需要的文件和目录

一些开发与构建工具也经常创建出一些临时文件（例如 Java 中的类文件），这些文件也不应该被纳入版本控制。为了防止产生临时文件被版本化，我们也需要创建这个名为**.gitignore** 的文件，列出所有无需被版本化的文件和目录。

.gitignore 文件可以被创建在各个目录中，其中的条目通常会影响到当前这一级目录机器所有子目录。

下面，我们来看看在图 14.1 这个例子中，.gitignore 文件的内容应该是怎样的。该文件的每一行都是一个文件名模式，用来指定应被忽略的文件。具体来说，就是 **TempDir** 目录下的以及所有扩展名为**.bak** 的文件都将会被忽略。

```
# Content of .gitignore
/TempDir
*.bak
```

为了便于跟踪这些被忽略的文件，我们应该只在项目的根目录上创建**.gitignore** 文件。然后用该文件去设定更深层的子目录。当然，只有在我们需要通过创建**.gitignore** 文件来强制 Git 将空目录纳入版本控制时才是个例外。

第 3 步：创建一个版本库

在之前的步骤中，我们导入了相关的项目文件，做好了准备工作。以下是创建版本库的步骤。

```
> cd projecta

> git init
```

第 4 步：定义行尾终止符

对于之前实际导入的文件，我们还需要对它们的行尾终止形式做一个统一的处理。

当我们同时在不同的操作系统上开发或处理文本文件时，行尾终止是一个经常会出现的问题。

正如我们所知，Windows 上所用的换行符是 CRLF（即回车符加换行符），而在 Unix 系统和 Mac 机上，我们则是用 LF（换行符）来换行的。如果不同平台上的文本编辑器都能采用其他平台上的换行符来处理，其实这个问题很大程度上就可以得到解决。

但这样一来，一个文本编辑器的用户有没有将其换行形式调整到相应的平台，就需要 Git 在内容没有变化的情况下识别出相关行所发生的变化。我们可以想像这其中会产生多少合并冲突。

对此，Git 提供了一套用 LF 来标准化换行符的问题解决方案。一旦这套标准化方案被启用，Git 就会在每次执行 **commit** 命令时将所有行尾结束符转换成 LF，并在必要时根据各相关平台的默认值进行来回切换。

Git 对于行尾结束符主要有 3 种不同的处理方式。

- **core.autocrlf false**：该方案会忽略行尾结束符。Git 在版本库中会原样存储这些文件的行尾结束符。另外，当这文件被检索时其行尾结束符也将保持不变。

- **core.autocrlf true**：该方案会（用 LF）执行标准化，但也会根据相应的平台来回切换。

- **core.autocrl input**：该方案在引入标准化（LF）时不会调整行尾结束符，但会将其来回切换。

由于在通常情况下，一个版本库不可避免地在将来会被其他平台所使用，所以我们也理应要对行尾结束符做些适当的标准化处理。

综合上述理由，我们可以知道在 Windows 系统上，**core.autocrlf** 应被设置为 **true**，而在 Unix 系统上，则应该在首次导入之前将其设置为 **input**。请注意，**core.autocrlf** 是被设置为 **true** 还是 **input** 这件事，会直接影响到 Git 是将一个文件识别成文本文件还是二进制文件。当然，我们可以用 **.gitattribute** 文件覆盖掉这种自动检测。

下面我们来将 **core-autocrlf** 设置成 **input**。

```
> git config --global core.autocrlf input
```

第 5 步：导入文件

接下来，我们要用 **add** 命令将所有文件纳入到我们的首次提交中。所有的现有文件，包括已加入的 **.gitignore** 文件，然后完成提交并忽略不需要的文件。

在执行 **add** 命令之前，我们会建议重新调用一下 **status** 命令，检查被列为"未跟踪"的究竟是哪些文件。因为有时候，我们会无意中将某个临时文件或目录加入到版本库中。

```
> git status
> git add .
```

然后用 **commit** 命令来完成一次提交。

```
> git commit -m "init"
```

第 6 步：创建一个裸版本库

到目前为止，我们已经为新项目创建好了一个带工作区的普通版本库。为了让团队中能有一个用于执行 **pull** 和 **push** 命令的中央版本库，还需要将该版本库转换成一个不带工作区的裸版本库。裸版本库中将只包含 **.git** 目录中的内容。

该转换动作可以通过 **clone** 命令加 **--bare** 参数来完成。裸版本库的名称通常会以 **.git** 结尾，用于区分普通版本库。

```
> git clone --bare projecta projecta.git
```

在这里，**--bare** 选项主要用于确保整个克隆过程不包括工作区，它只涉及版本库中的那些对象。**projecta** 参数则是我们之前所准备的版本库名称。最后的 **projecta.git** 参数是我们所要创建的裸版本库的名称。

14.4.2　以文件访问的方式共享版本库

在这一节中，我们就来看看如何通过网络共享设备来共享一个裸版本库。

第 1 步：复制裸版本库

在基于相关项目文件创建裸版本库之后，它们就非常容易存储在网络设备中，所有人都可以对其进行访问。

```
> cp -R projecta.git /shared/gitrepos/.
```

在上述例子中，我们假设将其存放在了某一网络设备的 **/shared/gitrepos** 目录中。

第 2 步：克隆中央版本库

如果我们要克隆一个位于网络设备上的版本库，只需要该中央裸版本库的路径即可。

```
> git clone /shared/gitrepos/projecta.git
```

当然，这里的路径还可以加一个 **file://** 前缀。

```
> git clone file:///shared/gitrepos/projecta.git
```

第 3 步：管理读写权限

在这里，对版本库的读写访问是由文件系统来管理的。我们团队中的每个成员都将拥有版本库读权限，因为我们需要该版本库目录的读权限。当然，对于其写权限也同样如此。

优缺点分析

这种共享方式的优点在于如今许多企业环境都已经部署有现成的网络共享设备，以作为其文件共享系统的一部分，这对于部署一个中央版本库来说，无疑是最方便的选项了。

而缺点则在于当我们的工作地点与中央版本库不在同一位置上时，这个选项就很难设置了。而且在 Git 中，数据访问并不是最有效的一种方式，因为这类远程 Git 命令（即 **push**、**fetch** 与 **pull**）操作的始终都是远程版本库上的数据。但在接下来的 3 个服务器版的共享方式中，Git 可以在服务器上运行这些远程命令，它只需要将其结果发送到本地计算机上即可。

14.4.3　用 Git daemon 来共享版本库

标准的 Git 安装包中都会内置有一个服务器程序，该程序可以让我们用一种简单的网络协议来访问版本库。

请注意，在 Windows 上，Git daemon 只有在 Git 1.7.4 版本（以上）中才被支持。

第 1 步：为 git daemon 准备好相应的裸版本库

当 git daemon 导出某个版本库时，就会在该裸版本库的根目录中创建一个 **gitdaemon-export-ok** 文件。后者可以是一个空文件，它只需告诉 Git，这是一个无需验证的合格服务项目即可。

```
> cd projecta.git
> touch git-daemon-export-ok
```

第 2 步：启动 git daemon

我们可以用 **daemon** 命令来启动 git daemon。

```
> git daemon
```

启动完成之后，我们就可以访问到当前计算机上所有被允许导出的版本库了。当然，为了真正实现访问，我们还需要在 Git 的 URL 中指定版本库的完整路径。

下面来看一个具体的 URL：

```
git://server-42/shared/gitrepos/projecta.git
```

其中，**git:**前缀表示的是使用 Git daemon 所必须的协议。紧随其后的就是计算机名称（**server-42**）和版本库所在目录的路径（**/shared/gitrepos/projecta.git**）。

为了使该 URL 不那么依赖于特定的目录，我们通常也会设置一个基本路径。这需要通过 **--base-path** 参数来完成。

```
> git daemon --base-path=/shared/gitrepos
```

这样一来，我们就可以用 **git://server42/projecta.git** 来访问该版本库了。

默认情况下，daemon 命令所导出的版本库往往只有读取权限。如果你想打开版本库的写权限，就要用到**--enable=receive-pack** 参数。

```
> git daemon --base-path=/shared/gitrepos --enable=receive-pack
```

git daemon 也可以被配置成操作系统的服务。关于这部分的细节，读者可以自行参考 **daemon** 命令的文档。

第 3 步：克隆中央版本库

当我们要从 daemon 服务中克隆某个已经发布的版本库时，只需要输入该中央裸版本库所在的 URL 即可。

```
> git clone git://server-42/projecta.git
```

第 4 步：管理读写访问权限

版本库的读写访问权限不能由开发者各自来单独定义。也就是说，每个已发布的版本库应该可以被所有访问这台计算机的人所读取。

而如果 git daemon 要开启写访问权限的话，也应该是所有人都可以修改被由其导出的所有版本库。

优缺点分析

这种共享方式的优点在于，git daemon 提供了一种最有效、最快速的从中央版本库中传输数据的方式。

而其缺点则是，缺少用户验证的功能。这意味着在这种环境下，我们必须要要读写访问权限在版本库中，git daemon 对此无能为力。

除此之外，这种共享方式还有一个缺点：即在分布式团队中，由于 Git 需要设置一个共享端口，所以防火墙仍然会是一个问题。

14.4.4　用 HTTP 协议来共享版本库

标准的 Git 安装包中都会自带一个 CGI 脚本，该脚本可以让我们经由 Web 服务器来访问版本库。当然，只有版本在 1.6.6 以上的 Git 才支持该 CGI 脚本。在此之前，虽然我们也能用 HTTP 协议来访问版本库，但"老版"协议效率很低，速度也很慢。

下面我们通过一个例子来说明一下该 CGI 脚本是如何被集成到 Apache2 架构中去的。

通常情况下，Apache2 是通过一个名为 **httpd.conf** 的文件来配置的。下面我们就来介绍一下如何通过修改 Apache2 的配置文件来完成我们的事情。至于关于该配置文件的其他详细信息和背景信息，请读者自行参阅 Apache2 文档。

第 1 步：启用 Apache2 中的相关模块

我们的 CGI 脚本只能在 **mod_cgi** 模块被启用的情况下被集成到 Apache2 中去。而且要在其中集成 Git，我们还得需要 **mod_alias** 和 **mod_env** 这两个模块的支持。如果这两个模块还没有被启用，我们就必须要先启用它们。

请注意，下面例子中的确切路径要取决于 Apache2 的具体安装与其所在的操作系统。

```
LoadModule cgi_module libexec/apache2/mod_cgi.so
LoadModule alias_module libexec/apache2/mod_alias.so
LoadModule env_module libexec/apache2/mod_env.so
```

第 2 步：允许对 CGI 脚本进行访问

典型的 Apache2 安装设定通常会限制访问 Web 服务器上文件系统中的某些目录。因此，如果我们想直接使用 Git 安装目录下的 CGI 脚本，就得要先开启这些目录的访问权。

在这个例子中，我们的 CGI 脚本位于**/usr/local/git/libexec/git-core** 目录中。我们可以用下面这段代码来赋予 Apache2 调用该 CGI 脚本的权限：

```
<Directory "/usr/local/git/libexec/git-core">
    AllowOverride None
    Options None
    Order allow,deny
    Allow from all
</Directory>
```

请注意！这样做有一个重要前提，就是我们要确保用户是在运行了 Apache2 的服务器上，并且拥有读取和执行该 CGI 脚本的权限。

第 3 步：赋予 HTTP 协议访问版本库的权限

为了让 CGI 脚本能导出相关的版本库，我们必须要在相关裸版本库的根目录中创建一个名为 **git-daemon-export-ok** 的文件。它可以是一个空文件，只需要能告知 Git，这是一个无需验证的合格服务项目即可。

```
> cd /shared/gitrepos/projecta.git
> touch git-daemon-export-ok
```

请注意！这样做有个重要前提，就是要确保 Apache2 服务器对版本库目录及其所有的文件与子目录都有读写访问权限。

现在，我们需要在 **httpd.conf** 文件中指定带导出版本库所在的根目录了，具体到这个例子，就是**/shared/gitrepos/**目录。

```
SetEnv GIT_PROJECT_ROOT /shared/gitrepos
```

最后，我们还必须为该 CGI 脚本设置一个别名。在这里，我们将其设置成了**/git**。

```
ScriptAlias /git/ /usr/local/git/libexec/git-core/git-http-backend/
```

待重启 Apache2 之后，我们就可以访问**/shared/gitrepos/**目录下所有的版本库了。

第 4 步：克隆中央版本库

如果我们要克隆某个版本库，只需要指定该中央版本库的 URL 即可。具体来说，即该 URL 应该包括计算机名、之前所设置的 CGI 脚本的别名以及版本库的目录名。

```
> git clone http://server-42/git/projecta.git
```

具体到这个例子，即版本库 **projecta.git** 位于服务器 **server-42** 中，其脚本别名是 **git**。

第 5 步：管理读写访问权限

在这种共享方式中，读写权限可以用一般 Web 服务器的访问权限来定义。

例如，如果我们想对版本库的写操作（即 **push** 命令）设置一个密码，就只需在 Apache2 配置文件中添加下面以下配置项即可：

```
<LocationMatch "^/git/.*/git-receive-pack$">
    AuthType Basic
    AuthName "Git Access"
    AuthUserFile /shared/gitrepos/git-auth-file
    Require valid-user
</LocationMatch>
```

有了这个配置项，每次 **push** 命令所发出的请求全都会交由 **git-receive-pack** 来处理，并且只有在用户通过验证的情况下才会响应。另一方面，读取访问则仍然无需输入密码。

如果我们想将某个版本库的读写访问都纳入密码保护，就得在 Apache2 配置文件中设置以下配置项。

```
<LocationMatch /git/projecta.git>
    AuthType Basic
```

```
    AuthName "Git Access"
    AuthUserFile /shared/gitrepos/git-auth-file
    Require valid-user
</LocationMatch>
```

关于更多 Web 服务器的配置实例，读者可以参考 **http-backend** 命令所返回的文档。

优缺点分析

这种共享方式的优点在于，HTTP 这种访问形式在 Web 环境中访问版本库是非常方便的。防火墙对于 HTTP 协议来说不再是一个典型问题了。另外，用户认证可通过 Web 服务器来完成。如果你还想让它更安全一 点，还可以使用 HTTPS 协议。

而其缺点在于，我们需要一个 Web 服务器，并且要经由它来进行操作和管理。

14.4.5　用 SSH 协议来共享版本库

为了能使用安全壳协议（SSH）来共享版本库，我们必须要设置相应的基础架构。也就是说，我们至少必须要有一台安装了 SSH 服务的计算机。并且所有项目参与者必须要有这台服务器上的 SSH 帐户。

第 1 步：复制裸版本库

我们只需要将包含项目文件的裸版本复制到某台 SSH 主机上，所有的相关开发者就都可以对其进行访问了。在 SSH 协议下，我们可以用 **scp** 命令来将复制一个或多个文件。

```
> scp -r projecta.git server-42:/shared/gitrepos/projecta.git
```

在这个例子中，我们会假设自己的计算机（**server-42**）允许进行 SSH 访问，并且其 **/shared/gitrepos** 目录也被分配用于该版本库的存储。

第 2 步：克隆中央版本库

如果我们要经由 SSH 共享协议来克隆某个版本库，就只需要给出一个普通的 SSH 路径，以指出该中央版本库的位置即可。

```
> git clone ssh://server-42:/shared/gitrepos/projecta.git
```

当然，我们也可以省略这里的 **ssh://** 前缀。

```
> git clone server-42:/shared/gitrepos/projecta.git
```

第 3 步：管理读写访问权限

在这种共享方式中，版本库的读写访问将由掌管 SSH 服务和文件系统权限的管理员来管理的。也就是说，团队中的每个成员都得要有版本库的读权限，以及该版本库目录的 SSH 访问权限和读权限才行。当然，对于写权限也同样如此。

优缺点分析

这种共享方式的优点在于，经由一个现成的 SSH 协议架构来对版本库进行访问，设置起来非常方便。而且由于大多数 Git 命令都是在 SSH 服务器上执行的，只是通过网络向终端返回结果而已，因此其网络访问也非常高效。此外，该访问还是经过加密的。

而其缺点在于，如果我们没有现成的 SSH 协议架构，那要从头构建其这样一个协议架构，代价是比较昂贵的。而且，即使你已经有了现成的协议架构，其用户帐户的管理也相当复杂，因为每个用户都需要设置一个单独的帐户，即使对只要读权限的用户也是如此

请注意，我们也可以用 Gitolite（https://github.com/sitaramc/gitolite）和 Gitosis （https://github.com/tv42/gitosis）这样的软件，以简化 Git 条件下的 SSH 协议架构管理。其中，Gitolite 甚至还可以管理分支这一级的读写权限。另外，我们还有 Gerrit （http://code.google.com/p/gerrit/），该软件也可以用来充当 SSH 服务器，并且它还额外提供了审查功能。

14.5 何不换一种做法

何不放弃推送操作

本章所介绍的工作流都会假定每一个开发者都拥有中央版本库的写权限，因此一定可以用 **push** 命令来发布自己的提交。

而通常在一个开源项目中，我们往往使用的是一个纯拉取的动作序列。在这种情况下，所有的开发者只在自己的版本库中完成相关的工作，并且只有负责整合的人员（集成负责人，integrator）才有更新中央软件版本的权限。

下面，我们通过图 14.2 来看一下这个纯拉取操作的工作流。

如你所见，开发者们会将中央版本库克隆到本地，并生成新的提交。接下来，他们会向负责集成的人发送一个拉取请求，以要求将自己的某个分支或某一提交导入并合并到中央版本库的集成分支上去。

这时候，集成负责人则需要及时负责通过 **pull** 命令将所有开发者所做的修改合并到中央版本库中。当然，该集成负责人也必须要保证这些修改的质量。而一旦集成负责人完成中央

版本库中的所有修改，开发者们就可以再次通过 **pull** 命令将官方版本从中央版本库中导入到自己的版本库中。

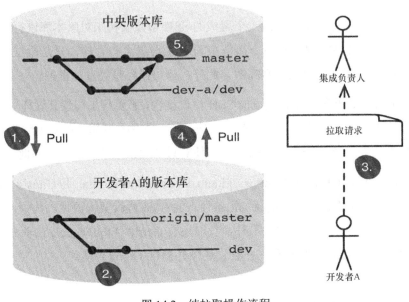

图 14.2　纯拉取操作流程

14.6　纯拉取操作

在正常项目工作和产品开发中，这个过程可以在无需任何制约的情况下快速完成。一个团队中总是存在着几位高频率的更新者，他们需要快速看到来自其他各方的修改，例如在重构过程中很多文件都会发生变化。另外，敏捷项目的发布周期往往较短。在这种情况下，集成负责人可能会成为中央版本库更新不够快的一个瓶颈。

在大多数项目中，我们在修改控制上做得更多所得到的好处并不会掩盖我们的高成本。

当然，相关修改的备份则是另一个问题。只有在我们的拉取请求被处理之后，其相关数据才会被存储到中央版本库中。通常情况下，一个企业中大概只有中央版本库才会有备份系统。开发者计算机中的数据在其被拉取之前遭到了破坏，该开发者所做的工作就会被丢失。

请注意：我们当然可以将这些修改备份到开发者版本库中。GitHub（https://github.com/）这个开源环境就是为此而已存在的。而且，这样做也确保了集成负责人随时能访问到开发者版本库。

第 15 章
相同分支上的开发

在 Subversion 这样的集中式版本控制系统中，团队通常是在一个公用分支上进行操作的。所有开发者都需要将这个分支复制到本地工作区，然后在本地进行修改，之后再将它们写回该版本控制系统。

我们也可以用 Git 来完成一个非常类似的工作流。通过这种相似性，我们可以让自己更容易、更快速地过渡到分布式版本控制上来。

每个开发者都可以创建一份中央版本库的克隆体，并在这些副本的 **master** 分支上执行自己的操作。

一旦他们的开发成果已经准备好要提供给他人使用，本地 **master** 分支就需要与中央版本库的 **master** 分支进行合并。这就会产生一次合并提交，而与此同时其他开发者也会做出相关的修改。该合并操作会在本地版本库中完成，然后再将结果传送到中央版本库中去。

本章工作流的优点就是当某个开发者所做的修改经常与其他开发者的修改混淆在一起的时候，有利于冲突的快速检测。

当然另一方面，该工作流程也会创建出许多合并提交，从而使得提交历史显得较为混乱。我们在"基于特性分支的开发"这类父级历史优先的工作流中将不会再用到它。

本章所要介绍的工作流将包含以下内容。

● 如何在本地的 **master** 分支上进行开发工作。

● 如何将自己的成果发布到中央版本库中。

● 如何让其他开发者使用这些成果。

15.1　概述

在图 15-1 中，我们会看到本章工作流的典型使用情况。如你所见，中央版本库位于该图的顶部，底部则是开发者 A 和开发者 B 的版本库。

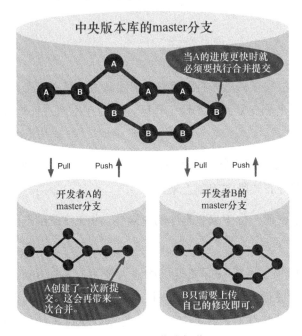

图 15.1　工作流概览

每个开发者都会从自己的 **master** 分支开始着手，所产生出小型的增量提交必须要能够返回到之前的状态，并将自己的步骤文档化。

一旦任务完成，或者有其他开发者所需要的中间层代码，该提交就会通过 **push** 命令被传送到中央版本库中。只要在此期间，中央版本库的 **master** 分支没有发生变化，该 **push** 命令就会成功被执行。

但通常情况下，中央版本库的 **master** 分支上应该还会有来自其他开发者的提交。在这种情况下，我们必须要先用 **pull** 命令将中央版本库中的修改合并到本地版本库中。这样，我们就在本地版本库中创建了一次合并提交，然后再通过 **push** 命令将该提交传送给中央版本库，正如你在图 15-1 中看到的那次最后的合并提交。开发者 A 之前已经上传了自己的提交，而开发者 B 则必须要先将自己的提交与现有的提交合并起来。

当然，开发者也可以只用 **pull** 命令将其他开发者所做的修改纳入到自己的版本库中来。

15.2 使用要求

- **提交历史并不是非得"赏心悦目"**：提交历史只需要充当安全网的角色，防止数据丢失，并能与旧版本进行比较即可。当然，在工作流"基于特性分支的开发"中，我们会看到提交历史的另一种可能的应用。
- **持续集成中央版本库的 master 分支**：本章的工作流会创建大量的合并提交，所以它总是存在着某种风险，以至于会产生一些有问题的合并版本。正因为如此，我们更要对中央版本库的 master 分支上的内容进行反复的构建，并对其进行持续的测试，以使开发者们能及时了解其中随时可能出现的问题。

15.3 工作流简述：相同分支上的开发

在本章的工作流中，所有开发者都将先在本地版本库的同一分支上开展工作，然后将工作结果合并到中央版本库的 master 分支上去。

15.4 执行过程及其实现

对于接下来的执行过程，我们的开发要从将中央版本库克隆到本地开始。

在 master 分支上操作

第 1 步：更新 master 分支

开始一个新任务之前，我们往往应该先去获取中央版本库中的最新版本，这样做有助于我们将文件冲突的风险降到最低。

在这个过程中，如果我们想要确保某些本地提交不会被传送给中央版本库，可以在命令后面加上**--ff-only** 参数。该参数可以防止 Git 自动合并我们从中央版本库中获取的修改。

```
> git pull --ff-only
```

在这里，**--ff-only** 参数是通过在 **pull** 命令中允许快进式合并来防止出现合并提交的。

第 2 步：进行本地更改

在拉取中央版本库 **master** 分支[①]上的当前版本之后，相关的开发工作就可以在本地机器上展开了。

在这个过程中，我们往往会在 Git 中创建出一系列增量提交，其中会包含某个子任务、某个重构单元或某个错误修复。按照这种方法做下去，开发者们就能随时返回到之前的某个版本，拿其中的文件与当前版本进行比较。另外，在进入到下一步骤之前，我们还必须要针对本地修改做一次提交，以终止当前步骤。

```
> git commit -m "Method X revised"
```

第 3 步：将中央版本库中发生的修改合并到本地修改中

如果某些开发任务已经完成，或者有别的开发者需要我们提供某个中间版本，那么我们就需要将自己的本地修改上传给中央版本库。

由于我们在这里要求中央版本库中在同一时间内不发生更改，所以在进行下一步操作之前，最好再调用一下 **pull** 命令，以获取中央版本库中所发生的所有变化。

```
> git pull

Already up-to-date.
```

如果在执行 **pull** 命令时，中央版本库中并没有发生变化，Git 就会打印出"up-to-date"的消息。

而如果中央版本库中发生了变化，但 Git 能够自动完成合并，Git 就会显示没有"冲突"的消息，并打印出被更改文件的名称。

```
remote: Counting objects: 5, done.
remote: Compressing objects: 100% (2/2), done.
remote: Total 3 (delta 0), reused 0 (delta 0)
Unpacking objects: 100% (3/3), done.
From projectX
   2cd173f..e10bb4d  master    -> origin/master
Merge made by recursive.
   foo |   1 +
   1 files changed, 1 insertions(+), 0 deletions(-)
```

但两边的修改之间如果发生了冲突，Git 就将这些内容显示在输出中。

```
remote: Counting objects: 8, done.
remote: Compressing objects: 100% (3/3), done.
remote: Total 5 (delta 0), reused 0 (delta 0)
```

---

① 译者注：此处原文是 the master repository，如果直接翻译会有相当的歧义，将其译为"中央版本库的 master 分支"。

```
Unpacking objects: 100% (5/5), done.
From projectX
   9139636..fa60160 master    -> origin/master
Auto-merging foo
```

foo 中的合并冲突是可以通过一般方法来解决的。先将之前未完成合并的文件调整之后再用 **add** 命令重新添加到版本库中。然后，我们需要再用 **commit** 命令来完成合并。

```
> git add foo
> git commit
```

在这里，如果我们在执行 **commit** 命令时没有提供相应的注释说明，Git 会根据当前的冲突内容自动生成一段相关的合并说明。

```
Merge branch 'master' of projectX

Conflicts:
foo
```

第 4 步：将本地修改上传到中央版本库

在将该版本上传给中央版本库之前，我们应该在本地运行一些测试，检查一下是否会存在某些问题。

如果该版本的质量令人满意，我们就可以调用 **push** 命令，将本地修改上传到中央版本库了。

如果上述步骤能成功完成，我们就会在本地版本库中看到一个合并完成了的项目状态。

```
> git push
```

只要 **push** 命令没有报错并终止执行，就意味着我们已经成功将提交上传到了中央版本库中。

如果在此期间有另一个开发者上传了一次提交，**push** 命令就会终止执行，并返回以下错误消息：

```
To projectX.git
 ! [rejected]    master -> master (non-fast-forward)
error:failed to push some refs to '/Users/rene/temp/project.git/'
To prevent you from losing history, non-fast-forward updates were
rejected. Merge the remote changes (e.g. 'git pull') before pushing
again. See the 'Note about fast-forwards' section of
'git push --help' for details.
```

在这里，为了获取中央版本库中新的更改，我们就需要再次调用 **pull** 命令。这样就等于又另外创建了一次合并提交。为了不让这两次合并提交把提交历史弄得更为复杂，我们可以用 **reset** 命令将第一个合并提交删除掉。

```
> git reset --hard ORIG_HEAD
```

这上面的命令中，**--hard** 参数会在指定的提交中对工作区和暂存区进行重构。而后面的 **ORIG_HEAD** 则是执行我们最后所执行的 **pull** 或 **merge** 命令所产生提交的符号名称。

完成上述动作之后，我们就相当于回到了第 3 步，用 **pull** 命令再次从中央版本库中获取相关的修改。

15.5　何不换一种做法

何不用变基来代替合并

本章所介绍的工作流会产生多次合并提交，从而使得提交历史变得非常难以阅读。

对此，另一种做法改用变基的方式将中央版本库中的修改合并到本地修改中（即在执行 **pull** 命令时使用**--rebase** 参数）。

```
> git pull --rebase
```

通过对本地修改的变基，我们就可以再次提交中央版本库 master 分支上的提交了。也就是说，变基创建的是一次新的提交，但它可以包含相同的修改内容。

在图 15.2 中，我们可以看到两段不同的提交历史，分别由合并操作和变基操作产生。

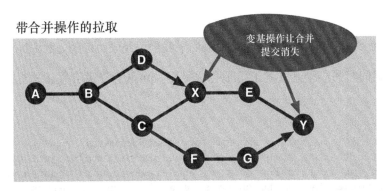

带合并操作的拉取

变基操作让合并提交消失

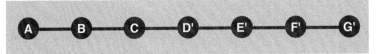

带变基操作的拉取

图 15.2　用变基来代替合并

一眼看去，变基操作的那段历史记录因其没有多余分叉的线性结构而格外引人注目。但这个优点会被该历史中提交的即时性所掩盖，在这种情况下，开发者就无法在其本地环境中获取各个版本的详细信息了。因为在执行变基操作的过程中，总会有多个提交对象被复制。因此，开发者们只能查看最后提交中的内容。另外，这些被复制的还都是未经测试的版本。

以图 15.2 中的提交 F'为例。该提交是由提交 **G** 变基而来的。只要后者在被复制到提交 **F'**的过程中没有引发冲突，该提交就会被忽略。然而，我们也可以想象，版本上所造成的误差也有可能会导致它根本不能工作。

如果我们只需要知道谁做了这些提交，这一切都没有问题。但一旦我们想依靠这段话提交历史来解决什么问题，这些提交就会开始让人头痛了。

如果我们在工作中会大量使用变基操作，也可以通过以下设置将其配置成 **pull** 命令的默认行为：

```
> git config branch.master.rebase true
```

在这里，**branch.master.rebase** 参数决定了哪一个分支被启用为变基操作的默认分支。即其分支名（**master**）可以被替换成任何其他的分支名。

第16章
基于特性分支的开发

如果团队中的每个人都在相同的分支上做开发，我们会得到一个非常混乱的、带有很多合并提交的父级有限历史。这样一来，我们就很难就某个指定的特性修改或错误修复进行具体定位。但尤其在代码审核和错误排查这样的工作中，确切知道某个特性在哪几行代码中是非常有用的。通过使用特性分支，我们可以利用 Git 提供这些开发信息。

在做特性开发的过程中，增量提交的方式有助于我们在同一时间段内维护旧有功能的版本。但是，如果我们是希望对某一发行版中所包含的新特性，显然还是粗粒度的提交更具有实际意义。在本章将要介绍的工作流中，特性分支上的增量提交与 **master** 分支上的发行版提交将会被同步创建。并且，粗粒度的 **master** 分支历史还很有可能被用来当作发行版文档的基础，测试人员会非常欢迎这种能清楚引用相关特性的粗粒度提交。本章的工作流将会详细介绍特性分支的使用，以便我们：

- 能轻松定位实现了某一特性的提交；

- 且让 **master** 分支上的第一父级历史中只保留能充当发行版文档的粗粒度提交；

- 并行特性的交付也成为了可能；

- 以及 **master** 上所发生的重大变更也能在特性开发期间比使用。

16.1 概述

在图 16.1 中，我们会看到本章工作流的基本结构，那就是一个团队在特性分支上开发时会创建的工作流。他们会从 **master** 分支着手，为每个特性或错误修复都创建一个新的分支（bug 在下面没有被明确地列出来）。该分支会被用于执行所有的修改和改进。一旦该特性已经可以被集成到 **master** 分支上时，我们只需要对其执行一次合并即可。当然这里务必要小心一件事，该合并操作必须要在 **master** 分支上发起，并且不能使用快进式合并。这样我们就能在 **master** 分支上得到一个清晰的第一父级历史，因为该分支上将只包含特性分支的合并提交。

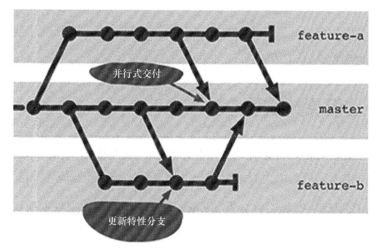

图 16.1 工作流概览

如果一些特性之间存在着依赖关系，或者某个特性采用的是增量式的开发，那么它们就应以并行式交付的方式被集成到 **master** 分支上，并接着在特性分支上做进一步开发。

16.2 使用要求

- **基于特性的开发方略**：我们的项目计划或者产品计划必须要立足于特性开发。也就是说，项目中的各种功能性需求要能被转化成相应的特性工作包。当然，这些特性之间可以有非常少量的重叠。

- **特性的小型化**：即一个特性必须要能在几小时或者几天内开发完成。费时较长的特性开发会与其他部分的开发并行运作。在这种情况下，特性集成的成本越高，其带来的风险就越大。

- **在本地执行回归测试**：在将新特性提交给 **master** 分支之前，我们应该先在自己的开发机器上进行本地的回归测试。检查一下该特性所带来的变更是否与其他特性兼容，以及是否有我们不希望看到的副作用。如果我们没有在本地进行这样的回归测试，这些错误就往往只能在 **master** 分支的合并提交中被发现。而对这些错误的校正操作将会使 **master** 分支的历史记录不再基于特征分支，从而抵消了使用特性分支的主要优势。

16.3　工作流简述：基于特性分支的开发

先用独立的专用分支来开发各个特性或进行错误修复，然后在特性开发或错误修复完成之后将其合并到 **master** 分支上去。

16.4　执行过程及其实现

以下操作将会假设我们始终会有一个中央版本库。就像往常一样，开发工作会在该版本库的本地克隆体中完成，然后中央版本库则会以该克隆体的远程源版本库的角色被访问。

因而在接下来的流程中，我们将会看到 **push** 命令被频繁地用来将本地修改传送给中央版本库。

一旦在工作中使用了特性分支，本地版本库中往往就会存在多个分支。在没有参数的情况下，**push** 命令只会将当前活动分支中的内容传送给到远程版本库。当然我们也可以通过设置 **push.default** 选项来更改这一行为。

```
> git config push.default upstream
```

该选项的默认值匹配所有与远程版本库中有相同分支的本地分支。因此，我们每次在执行 **push** 命令时都必须明确指定分支，以限定传送的内容。

16.4.1　创建特性分支

只要某个特性是可以被处理的，我们就可以为其创建一个新的分支。这里最重要的是要确保这些分支必须始终是基于 **master** 分支来创建的。

第 1 步：更新 master 分支

如果可以访问到中央版本库，先将本地的 **master** 分支更新到最新状态是很有必要的。这样做有助于我们确保当前没有合并冲突，我们建议在做这件事之前，不要在本地版本库的 **master** 分支上开展任何基于特性的任务。

```
> git checkout master
> git pull --ff-only
```

这里的**--ff-only** 参数表示这里只允许进行快进式合并。换句话说，如果这时存在着一些本地修改，该合并操作就会被取消。

如果合并操作报错并被终止，那么我们就必须直接在 **master** 分支上做修复错误的工作。该分支上的这些修改就应该先被转移到某个特性分支上。

第 2 步：创建特性分支

我们可以用以下命令创建新的分支并开始相关的工作。

```
> git checkout -b feature-a
```

如果整个团队来能对特性分支或 bug 修复分支进行统一命名，当然是非常有益的。另外，Git 也支持对分支进行分层命名，例如 **feature/a**。

通常情况下，人们会采用一种追踪工具（例如 Bugzilla 或 Mantis）来对特性开发和 bug 修复的工作进行管理。这些工具会赋予这些相关特性和 bug 一个唯一的编号或令牌。而这些编号也可被用作 Git 的分支名称。

第 3 步（可选）：在中央版本库上维护特性分支

通常，特性分支都只创建在本地，当这些分支的生命周期很短时尤为如此。

但如果某个特性的实现需要较长的时间，或者有多个开发者在开发同一个特性，其中间成功就会显得相当重要。于是，我们会希望将该分支放到中央版本库上去维护。

为了做到这一点，我们可以用 **push** 命令在中央版本库中创建一个对应的分支。

```
> git push --set-upstream origin feature-a
```

这里的**--set-upstream** 参数会将本地的特性分支与远程版本库中的新分支连接起来。这也就是说，我们将来执行的所有 **push** 和 **pull** 命令都可以免去显式指定远程分支的操作了。

而 **origin** 参数则指定了远程版本库的名称（即中央版本库的别名），以及所维护的特性分支的名称。

这样一来，我们今后所修改的本地特性就可以通过一个简单的 **push** 命令被同步维护到中央版本库中了。

```
> git push
```

16.4.2　在 master 分支上集成某一特性

根据我们已经定义好的需求，确保相关特性不长期以并行形式存在是很重要的。否则，出现合并冲突和不兼容的风险就会大大增加。即使该特性不会被纳入到下一发行版中，我们也会建议你尽快完成功能的集成，并禁止切换到该特性分支。

在这一节中，我们将详细介绍如何将一个特性集成到 **master** 分支。其中的重点在于，相关的合并必须始终在 **master** 分支上执行。否则 **master** 分支就无法获得一个第一父级的提交历史，这就毫无意义了。

第 1 步：更新 master 分支

在实际执行 **merge** 命令之前，本地的 **master** 分支必须保持最新状态，如果我们在本地分支上做这些事，就很有可能会出现合并冲突。

```
> git checkout master
```

```
> git pull --ff-only
```

第 2 步：合并特性分支

我们在特性分支中所做的修改可以通过 **merge** 命令传送给 **master** 分支。这样一来，**master** 分支上第一父级的历史就可以被当作一个特性发展的历史。当然，这里是不允许快进式合并的。

通过图 16.2 来看一下快进式合并可能会带来的问题。如你所见，在合并之前，**master** 分支所指向的位置是提交 **B** 而特性分支则指向了提交 **E**。在经过快进式合并之后，**master** 分支现在也位于提交 **E** 之上。这样一来，**master** 分支上的第一父级历史中就纳入了两个中间提交的 **D** 和 **C**。

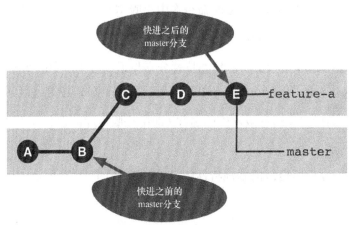

图 16.2　快进式操作问题与第一父级历史

你可以用以下命令来执行合并操作，并同时防止其执行快进式合并：

```
> git merge feature-a --no-ff --no-commit
```

在这里，**--no-ff** 参数的作用就是防止快进式合并。而**--no-commit** 参数则用于指示 Git，不要因为接下来可能失败的测试而停止任何提交。

现在，我们再来看看图 16.3，该图所示范的就是快进式合并被阻止之后的提交历史。我们会看到一个新的合并提交 **F**。这样提交 **C~E** 就不会被纳入到 **master** 分支的第一父级历史中了。

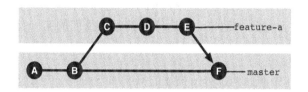

图 16.3 非快进式合并

如果我们在本地特性分支上做这些修改的时候，其他特性分支也修改了相同的文件，该合并就可能会引发冲突。而这些冲突则必须要用普通的方式来解决。

第 3 步：做一下回归测试，并为其创建一次提交

在执行完合并操作之后，我们通常就应该运行一下回归测试。在这种情况下，如果新特性会引发其他特性的错误，就会被该测试检查出来。

如果该测试确实引发了这样的错误，我们就必须要这些错误进行分析。为了排除它们，我们就必须要先用 **reset** 命令丢弃当前所执行的这次合并。

```
> git reset --hard HEAD
```

在这里，**--hard** 参数的作用是确保暂存区和工作区中所发生的全部修改都会被丢弃。而之后的 **HEAD** 则表示当前分支必须是最后一个已关闭的提交。

紧接着，特征分支会被再次激活。上述错误可以在这里得到纠正，之后只需要从第 1 步开始再走一遍至今为止的流程即可。

如果回归测试没有找到错误，那我们就可以直接提交完事。

```
> git commit -m "Delivering feature-a"
```

如果我们想以文档形式来使用 **master** 分支上的历史记录，就必须要对合并提交的注释内容进行统一设置。具体来说，就是我们必须要对特性设置一个具有关联性的唯一标识，例如使用编号。这样一来，我们就可以用 **log** 命令加**--grep** 参数搜索到 **master** 分支上的相关特性。

第 4 步：将 master 分支传递给中央版本库

在完成上述最后一步操作之后，本地版本库中的 **master** 分支应该已经与特性分支完成了统一。下一步，我们必须要通过 **push** 命令将 **master** 分支传递给中央版本库。

```
> git push
```

如果这个命令在执行过程中出现了错误，那么 **master** 分支上一定有其他特性分支已经被集成了进来，并且不再可能是一次快进式合并了。这时候我们通常的做法是先执行一下 **pull** 命令，将其修改合并到本地来。但这样做的话，我们的第一父级历史就不能再发挥作用了。

在图 16.4 中，顶部和中间这两部分所描述的概况如下：提交 **C** 为远程版本库的当前提交，而本地版本库当前所应用的是提交 **D**。如果我们现在执行 **pull** 命令，就会创建出一个新的合并提交 **E**（见图 16.4 的底部）。因此可以看出，提交 **Ç** 将不会再被纳入到 **master** 分支的第一个父级历史中了。

远程版本库

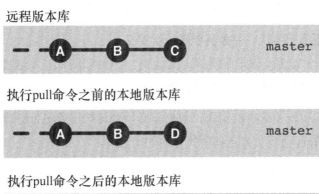

执行pull命令之前的本地版本库

执行pull命令之后的本地版本库

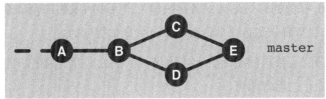

图 16.4　执行了 pull 命令之后，第一父级历史就不可用了

但第一父级历史中应该要纳入所有的特性，所以在 **push** 命令失败之后，本地特性分支上的合并提交必须要用 **reset** 命令移除掉。

```
> git reset --hard ORIG_HEAD
```

在这里，**ORIG_HEAD** 所引用的就是当前分支在合并之前所指向的提交。

然后，我们只需要从第一步开始再执行一遍之前的操作序列即可，也就是用 **pull** 命令重新将 **master** 分支中的新提交检索出来。

当然，如果 **push** 命令执行成功了，那么新的特性自然就已经被纳入到了中央版本库中。

第 5 步：删除或继续使用该特性分支（二选一）

变化 1：删除该特性分支

如果在与 master 分支合并之后，该特性开发就完成了，那么我们就可以删掉这个特性分支了。

```
> git branch -d feature-a
```

这里的**-d** 选项就是要删除指定的分支。

如果删除过程中出现了错误信息，那么很可能是我们忘记了将特性分支合并到**master** 上。因为**-d** 选项只有在一个分支上的所有提交都被其他分支引用了的情况下才会删除该分支。如果你是想删除一个没有被 **master** 分支全面接管其所有提交的特性分支，可以选择改用**-D** 选项。另外，如果被删除的分支在中央版本库中有对应的维护分支，则那边的分支也会随即被删除。

```
> git push origin :feature-a
```

在这里，分支名称之前的冒号是很重要的。该命令的意图是：不粘贴特性分支上的所有东西。

变化 2：继续特性开发

如果该特性开发还尚未完成（也就是说，它在首轮集成中只有部分交付给了**master** 分支），那么该特性分支就还可以继续被使用。

在图 16.5 中，进一步的工作大致上是对部分交付之后那部分的一个概述。在这个过程中，该分支将继续被当作特性分支来使用。

```
> git checkout feature-a
```

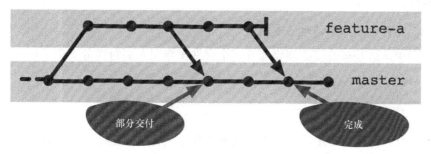

图 16.5　继续某特性分支上的开发工作

一旦下一批内容准备就绪了，我们就可以再次将其集成到 **master** 分支上，这时候 Git 也会显得足够智能化，它只会将新提交中的修改传递给 **master** 分支。

16.4.3　将 master 分支上所发生的修改传递给特性分支

在最好的情况下，一个特性的开发是应该独立于其他特性来进行的。但有时候 **master** 分支上也会出现一些我们在特性开发过程中所必须跟进的重要变更，例如对于项目基本服务的大规模重构或修改。在这种情况下，我们就需要及时将 **master** 分支上所发生的修改传送给特性分支。

图 16.6 对这种情况做了直观的说明。对于来自 **master** 分支的合并，我们需要在特性分支上来执行。

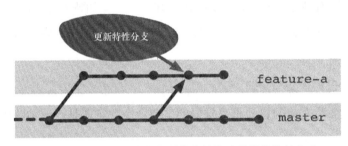

图 16.6　将 master 分支上所发生的修改传送给特性分支

第 1 步：更新 master 分支

首先，我们必须要先将 **master** 分支上所发生的修改导入到本地版本库。

```
> git checkout master

> git pull --ff-only
```

这里的**--ff-only** 选项表示该操作只允许执行快进式合并。这样做可以防止我们在 **master** 分支上再执行一次意外的合并。

第 2 步：将修改引入到特性分支中

在第 2 步中，这些修改就必须要通过一个合并操作引入到特性分支中了。

```
> git checkout feature-a

> git merge --no-ff master
```

在这里，我们得用**--no-ff** 选项来禁止快进式合并。快进式合并只有在 **master** 分支与该特性分支在之前已经合并过的情况下才能发挥作用。之后，快进式合并还会破坏特性分支上的第一父级历史。

任何可能出现的冲突都必须用普通的方式来解决。

该特性分支可以从 **master** 分支上获取任何中间版本。Git 可以很好地处理多次合并的情况，但这会使其提交历史变得非常复杂且难以阅读。

Git-Flow：即高级 OperationsGit Flow，我们可以在 https://githum.com/nvie/gitflow 上下载到该工具，这是一个用于简化分支处理的脚本集合，对于特性分支的处理尤为得力。通过这个 Git 扩展，我们就可以像这样创建并激活一个新的特性分支：

```
> git flow feature start feature-a
```
到最后，我们可以这样将特性分支上的内容传送给 **master** 分支，并删除该分支：

```
> git flow feature finish feature-a
```

16.5　何不换一种做法

16.5.1　何不直接在部分交付后的合并版本上继续后续工作

如果某一特性被部分交付到了 **master** 分支上，那么 **master** 分支上就会有一个合并提交，其中也将包含其自有特性的修改和来自其他特性分支的更新。另一方面，来自其他特性分支的更新在我们的特性分支上还尚不可用（见图 16.7）。

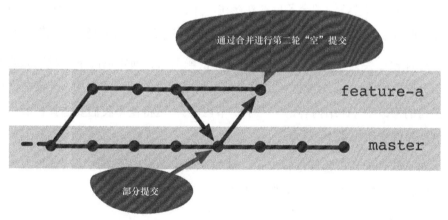

图 16.7　某一部分交付之后所发生其他合并操作

那岂不是说明我们应该执行将 **master** 分支合并到特性分支上的操作，然后在合并后的分支上继续工作就行了吗？

这个问题的简短回答就是：我们没有必要把历史记录搞得过于复杂，而且在大多数情况下，这样的过程并不会给特性开发带来任何好处 。

在特性分支上，在执行完部分交付之后再对 **master** 分支进行合并的时候，往往会执行的是一次快进式合并。也就是说，这两个分支将会指向同一个提交对象。但这会破坏特性分支的第一父级历史，这样的修改会导致特性开发的过程变得不再可被追溯。因此，我们必须要防止其执行快进式合并，当然，这会令其产生一次内容为“空”的新合并提交。这意味着，某个特性的每次部分交付都会产生两次合并提交。

但在大多数情况下，**master** 分支上的版本更新对于某个特性的开发并没有那么重要。

如果我们在特性开发过程真的需要引入相关修改，我们当然要这样做。但肯定不是每次执行完部分交付之后总得这样做。

16.5.2　何不到发行版即将成型时再集成特性分支

在我们在特性分支上开发的过程中，项目的发行管理通常知道交付日临近之前才会有相关的想法和决定，以明确新版应该会发布哪些特性。

从概念上讲，这似乎也是一种更简单的使用特性分支的方法。这时候，每个特性都在各自的分支上得到完全地开发，但也都还尚未被集成到 **master** 分支。究竟有哪些特性将会被集成到 **master** 分支只有在交付日（D-day）之前才会决定。

在理想世界里，这些特性都会各自独立存在，并且不会出现任何编程错误。但在现实世界中，这种方法所带来的往往要么是集成过程中的主合并冲突，要么就是一个长期稳定的状态。

此外，这样做还会更复杂化各特性开发中的依赖关系。通常情况下，我们只要对某个特性做一次部分交付给 **master** 分支即可。而在延后集成特性的解决方案中，分支之间就必须要彼此交换各自的修改了（详细内容请参见下一节内容）。这将使得我们要选择在版本发行之前才来集成这些特性变得根本不可行。

而且，对于软件的品质验证过程来说，例如在用生成服务器来进行持续集成时，延后集成这种方法就会让我们的集成和重构难以实现。

16.5.3　何不交换特性分支之间的提交

本章所描述的工作流是一个特性分支之间没有直接提交交换的过程，其集成总是基于 **master** 分支上的各部分交付内容来进行的。

那么，直接在相关的特性分支之间来一次合并，事情岂不是更简单一点吗？

按部就班：ReReRe——解决冲突的自动化预案

我们在文件中手动解决冲突的过程可以被当作预案记录下来。如果同样的冲突一再发生，该预案就可以自动被应用。这就是所谓的"重用预案记录。"简而言之就是使用 ReReRe。

1. 启用 ReReRe

这个用于记录冲突预案的特性必须要针对各个版本库单独开启。

```
> git config rerere.enabled 1
```

由于 ReReRe 是将冲突预案存储在本地的，所以该工具在该版本库的每个克隆体中也必须要被单独开启。

2. 记录冲突预案

一旦 ReReRe 被启用，我们所有解决冲突的方案都会在执行 **commit** 命令时被自动保存下来。但如果提交没有被执行（例如，试图执行 **reset** 命令时可能被拒绝了），这时候我们就必须显式调用 **rerere** 命令了：

```
> git rerere

Recorded resolution for 'foo.txt'.
```

3. 应用冲突预案

一旦 ReReRe 被启用，Git 就会去试图自动地反复解决每一个合并中的冲突。例如，在下面的情况中，尽管该文件在解决冲突的过程中被修改过了，但我们还没有用 **add** 命令确认该冲突得到了解决。

```
> git merge featureE

Auto-merging foo.txt
CONFLICT (content): Merge conflict in foo.txt
Resolved 'foo.txt' using previous resolution.
Automatic merge failed; fix conflicts and then commit the
result.
```

在我们解决了相关冲突之后，就必须要通过 **add** 命令将受影响的文件添加到下一次提交中。

```
> git add foo.txt
```

按部就班：显示打开的特性分支

在这里，我们需要显示一下当前还没有被合并到 master 分支的特性分支。

显示打开的特性分支

如果我们在工作中一直会用到特性分支，那么往往版本库中都会存在一个以上的活跃分支。我们可以通过 branch 命令来显示出当前所有还尚未被合并的分支。

> `git branch --no-merged master`

这里的**--no-merged**选项表示我们要显示的是其中提交还没有被纳入到**master**分支中，即还尚未被合并到 **master** 分支的所有特性分支。

特性分支的决定性优势主要在于它能带来简单易懂的历史记录。如果我们在特性分支之间直接加入合并操作，这样的优势就不复存在了。

按部就班：显示某个被合并特性中的所有修改

特性分支所发生的所有修改应该都可以通过 diff 命令显示出来。

能找出发生了哪些修改是很重要的，这一点在做代码审查的时候尤为如此。我们可以通过图 16.8 来看一个具体的例子，该图显示了一个特性分支从部分交付到最终交付的过程。接下来，我们就来看看该图中所引用到的这些提交。

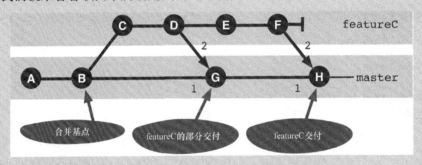

图 16.8　一个特性分支实例

1. 定位某特性分支中的提交

对于 diff 命令来说，我们需要的是 **master** 分支上属于该特性分支的所有提交。通常情况下我们只会看到一个合并提交而已，但在部分交付之后情况就会有所不同，我们接下来会看到多个提交。例如在这里，我们就会找到提交 **H** 和 **G**。

> `git checkout master`

> `git log --first-parent --oneline --grep="featureC"`

```
c52ce0a Delivery featureC
c3a00bc PartialDelivery featureC
```
在这里，**--grep** 选项会负责在日志中搜索某段给定的文本。

2. 执行 diff 命令

相关的修改可以通过在找到的提交与其父提交之间执行 **diff** 命令来查看。例如在这里，我们将查看的是提交 **B** 与提交 **G** 之间，以及提交 **G** 与提交 **H** 之间所发生的修改。

```
> git diff c3a00bc^1 c3a00bc
> git diff c52ce0a^1 c52ce0a
```

按部就班：找出某特性中的所有提交

在这里，我们将找出特性开发期间所创建的所有提交。

在执行代码审查的过程中，我们会希望更彻底地理解特性分支在构建过程中所发生的具体修改。在此，能单独查看相关特性分支中的所有提交是很有帮助的。下面，让我们回到图16.8这个从局部交付到最终交付的特性分支上来。再看看该图所引用到的这些提交。

1. 找出相关特性的合并提交

首先，我们需要找出 master 分支上与该特性相关的所有提交。通常情况下，我们会看到其中只有一个合并提交，但如果其中有过部分交付的话，情况就不一样了，我们会看到若干个提交。具体到我们的例子中，就是提交 **H** 和 **G** 将会被找出来。

```
> git checkout master

> git log --first-parent --oneline -grep="featureC"

c52ce0a Delivery featureC
c3a00bc PartialDelivery featureC
```

在这里，--grep 选项会负责在日志中搜索某段给定的文本。

2. 找出相关特性分支的起点

如果我们要显示属于某特性的所有提交，就必须要先在 master 分支中找到分叉出该特性分支的那个分叉点上的提交。这个起点就是我们最底层的提交，该提交我们在之前的步骤中已经找到（即提交 **G**）。它一定是两个父级提交的合并提交。我们可以通过 **merge-base** 命令找到该提交。它由第一父级提交（提交 **B**）和第二父级提交（提交 **D**）合并而成（提交 **B**），成为后续开发的共同起点。

```
> git merge-base c3a00bc^2 c3a00bc^1

ca52c7f9bfd010abd739ca99e4201f56be1cfb42
```

3. 显示属于该特性的提交

只要我们找到了该特性分支的起点，就可以用 **log** 命令显示出其中所有的提交了。当然要想做到这一点，我们所要求的就必须是从合并基点（提交 **B**）开始，到该特性分支中的最新提交为止的所有提交。其最新提交就是该分支最终交付时所做提交（提交 **H**）的第二父级提交（提交 **F**）。

```
> git log --oneline ca52c7f..c52ce0a^2
```

第17章
二分法排错

在开发过程中，我们经常会突然遇到一个错误，是之前早期版本在成功通过测试时没有出现过的。这时候，时下较被看好的调试策略是先搜索出我们第一次发现错误时所在的提交。由于在使用 Git 开展工作时，我们往往会产生许多小型提交，因此可以通过分析其中的变化来快速查找错误的成因。

Git 支持用二分法来搜索引发问题的提交。

二分法是基于二分搜索的一种查找方法。查找的起点是已确认没问题的提交，终点是已明确有错误的提交，两者之间这段提交历史将会被"分半"，位于"中间"的提交会在工作区中被激活。然后我们会对被激活的提交进行错误检查。接着，再根据是否在被激活提交中找到该错误的情况，再对错误必然会隐藏的那段剩余的提交历史进行重新"分半"，并检查新的"中间"提交。如此反复，我们最终就会找到第一次出现该错误的提交。在该工作流中，我们会为你演示以下操作。

● 如何有效地用二分法找出引发问题的提交。

● 如何用二分法实现自动化排错。

17.1 概述

在图 17.1 中，我们将会看到一段提交历史，其中有一个确认无误的提交和已明确出了问题的提交。虽然提交历史并不非得要线性发展，但在出了问题的提交到没有问题的提交之间必须要有一条路径，以说明它们之间的父系关系。

当二分查找进程被启动之后，Git 就会在相关的提交历史的中间位置选择一个合适的提交。该提交将会被执行某种人工测试或脚本测试，然后根据其结果被标记为"good"或"had"。接着，该二分查找任务会去挑选另一个提交对象，对其进行测试并标记。这个进程会一直重复该动作，直至找到其直系父提交中没有错误的那次提交。

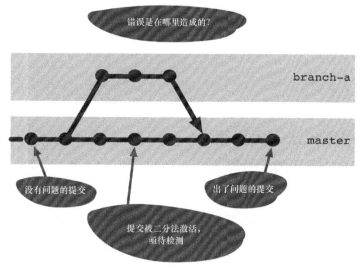

图 17.1 工作流概览

17.2 使用要求

- **可重现的错误检测**：我们必须要证明相关错误行为的一致性。也就是说，我们要能清楚地识别一个版本是正确还是不正确。对于自动化错误，无论它采用的是测试用例还是脚本，它都必须要能检测到错误。

- **误差检测的成本不能太高**：误差检测必须即快速又便宜。使用二分法进行多故障检测的成本取决于我们要测验的提交数量。如果其需要的时间过长或成本过高，对错误的成因来一次分析性搜索显然会更有效率。

17.3 工作流简述：二分法排错

在开发过程中，我们经常会遇到之前版本中不曾出现过的错误。二分法可以帮助我们在提交历史中定位那个包含错误的提交。

17.4 执行过程及其实现

为了演示接下来的这些操作，我们做了一个小型的示范性项目。在该项目中，我们实现了各种数学函数。其中值得一提的是一个计算阶乘的功能。该功能会以列表的形式返回从 1 到 5 所有数的阶乘。

```
> java FactorialMain
Factorial of 1 = 1
Factorial of 2 = 1
Factorial of 3 = 2
Factorial of 4 = 6
Factorial of 5 = 24
```

17.4.1 用二分法人工排错

首先，我们要对二分查找的基本过程有个交代，以说明在该测试中所要人工查找的错误成因。

第 1 步：定义错误标志

一般情况下，错误往往都是由开发者、测试者或者用户发现的。

我们的第一步是要对该错误进行分析和理解，找出该错误的某种标志。

下面我们来看几个错误标志的例子。

● 当某个动作或函数调用引发某种异常时，该程序就会被取消执行或显示错误消息。

● 某个函数返回了包含错误结果的信息项。

● 某个测试用例执行失败。

具体到我们这个例子中，3 的阶乘可以被视为是一个标志，代表它出错了。

如你所见，多数情况下我们用单凭分析就足以发现问题的成因了，无须进行二分查找。

第 2 步：分别找出没问题的和有问题的提交

该二分查找过程需要我们提供一个没问题的提交和一个出了错的提交。一个不错的选择是我们可以用最新发行版或者最新历程碑来充当那个确认无误的提交。

如果我们发现被选中来充当没有问题的提交中也包含了该错误，那就必须去回溯更久远的历史了。

由于相关错误的信息已经被上报，我们要想找到一个问题提交并不难，但如果想要在一堆没有问题的提交中搜索更多问题提交，我们就务必要找出那个最古老的问题提交了。

下面是上述例子的日志输出，我们来看看它的提交历史。

```
> git log --oneline

202d25d modulo finished
```

```
e36fead multiply finished
918ed2f sub finished
ebe741d add finished
87ac59e ComputeFactorial finished
39cbdc0 init
```

分析结果表明，提交 **87ac59e ComputerFactorial finished** 应该是没有问题的，出错的应该是提交 **202d25d modulo finished**。

第 3 步：执行二分法排错

现在，既然我们已经将错误局限在了提交历史一个区间内，就可以开始用二分查找来进行实际的错误搜索了。

我们可以通过 **bisect start** 命令来开始二分查找。在这里，我们必须要将问题提交指定为第一个参数，而没有问题的提交则是第二个参数。

```
> git bisect start 202d25d 87ac59e

Bisecting: 1 revision left to test after this (roughly 1 step)
[918ed2f29a44e468d690fb770aab1ad2dbae1a5a] sub finished
```

bisect start 命令会将第一个提交标志成"bad"提交，第二个则标志为"good"提交[①]。然后接下来，位于这两个提交之间的那个提交（具体到我们的例子中就是提交 **918ed2f sub finished**）会被激活。

现在，工作区中包含了来自某个提交的文件，我们还不不能确定它有没有出问题。由于我们之前已经找到了该错误的标志，该版本的状态目前是可以被测试的。

```
> java FactorialMain

Factorial of 1 = 1
Factorial of 2 = 1
Factorial of 3 = 2
Factorial of 4 = 6
Factorial of 5 = 24
```

但从在工作区中运行 **FactorialMain** 的结果表明，该错误仍然存在于其中，这意味着当前提交依然是有问题的。

现在，我们用以下命令中的一个对当前提交进行标志。

● **bisect good**：错误不在其中，该提交确认无误。

---

① 译者注：这里直接译成坏提交（bad commit）和好提交（good commit）实在有些别扭，保留原修饰词，有点标志的意味，更符合原文的语境。

- **bisect bad**：错误就在其中，该提交有问题。

- **bisect skip**：当前提交无法被测试。一般是因为没有被编译或缺失了一些文件，这时候二分查找进程就会去激活另一个提交来测试。

在我们的例子中，由于错误还存在于该提交中，所以我们会将其标志为"bad"提交。

```
> git bisect bad
Bisecting: 0 revisions left to test after this (roughly 0 steps)
[ebe741de3366a3fc08fbedfdfa408517dd172ca3] add finished
```

在 Git 的响应报告中，我们看到目前被激活的是提交 **ebe741d add finished**。此外，Git 还报告说这是它必须要测试的最后一个提交。

我们对 **FactorialComputer** 的重新测试表明，该提交中是确认无误的，因此被标志为"good"提交。

```
> git bisect good
commit 918ed2f29a44e468d690fb770aab1ad2dbae1a5a
Author: Rene Preissel <rp@eToSquare.de>
Date:   Fri Jun 24 08:04:43 2011 +0200

    sub finished

:040000 040000 0e5bfb07e859072a564eaca073461e4a12a0ed61 \
329e7f864bac874c69be4531452c753cf56be794 M    src
```

现在，Git 告诉我们提交 **918ed2f sub finished** 才是该错误第一出现的地方。我们现在可以用 Git 命令来分析该提交做了哪些修改了（例如 **git show 918ed2f**）。

最后，我们发现这个例子中阶乘计算只能计算到 $n-1$。

请注意，在我们启动排错过程之前，必须要将工作区重新设置到当前分支的 HEAD 上。关于这一点我们将会在下一步骤中做说明。

第 4 步：停止或取消二分查找

在成功分析出错误根源，或者决定取消某个二分查找之后，我们还必须要用 **bisect reset** 命令将工作区中的内容重置回正常的开发版本。

```
> git bisect reset

Previous HEAD position was ebe741d... add finished
Switched to branch 'master'
```

17.4.2　用二分法自动排错

在之前的操作序列中，我们测试的是某个提交中是否包含了某个错误，用的是人工测试。

如果我们连对的一个很长历史的区间或者人工测试的成本非常高昂，也可以通过一段脚本来进行自动化测试，让二分查找算法自己去完成它的工作。

第1步：定义错误标志

错误标志的的方法与人工的二分法排错一样，我们只要确保这些错误标志能被脚本自动检测到即可。

第2步：准备好测试脚本

如果我们想要进行自动化的二分法排错，就必须要提供一段 shell 脚本。为了能实现错误标志的自动检测，这段 shell 脚就本必须要根据指定错误是否存在的情况返回以下不同的退出码。

● **Exit code 0**：表示没有找到错误，二分查找进程应该会将该提交标志为"good"。

● **Exit codes 1-124**, **126**, **127**：表示错误被找到，二分查找进程应该会将该提交标志为"bad"。

● **Exit code 125**：表示测试由于程序可行性的原因没被执行。一般情况下，是该版本无法被编译。二分查找过程会直接跳过该提交。

在这里，我们的计算器应用是用 Java 编写的。下面我们就将其作为一个例子来演示一下如何在这类环境中对自动化二分查找进程进行调试。对于其他的开发环境，这段独立的脚本通常要做些相应的调整。

事实上，我们这段自动化错误检验是通过 JUnit 测试来执行的（你可以从 http://www.junit.org 网站上下载到 JUnit）。它只负责检测 3 阶乘是否真的是 6。如果返回结果为 false，即视为测试失败。

```
public class FactorialBisectTest {
    @Test
    public void testFactorial() {
        long result = Computer.factorial(3);
        Assert.assertEquals(6, result);
    }
}
```

特别提醒：不要忘记该测试要在一个新文件中实现，它不应该被 Git 纳入版本控制。在二分查找进程中，工作区中会有不同的提交被激活，而且是一个接一个地进行。如果该测试文件也处于 Git 的控制之下，它在旧提交被激活时就不存在了。而且从另一方面来说，非版本文件也应该被抽离在工作区的修改之外。

另外，自动化的二分查找进程需要我们提供一段 shell 脚本。该 shell 脚本首先必须能编译我们的 Java 源文件，然后再启动 test.Ant，将其用作本例中的构建系统。在该计算机项目中，我看可以通过一个名为 **build.xml** 的构建文件来执行一次纯净的构建过程（**ant clean compile**）。另外为了执行二分查找测试，我们还需要另一个名为 **bisect-build.xml** 的构建文件，它只提供了一个用于启动测试的 target。再次提醒，该文件不能被 Git 纳入版本控制。

```
<target name="test">
    <junit>
        <classpath refid="build.classpath" />
        <test name="FakultaetsBisectTest"
              haltonerror="true"
              haltonfailure="true"/>
    </junit>
</target>
```

如果我们想访问不同的 Ant target，就要有一个名为 **bisect-test.sh** 的 shell 脚本，这个脚本也不能被 Git 纳入版本控制。

```
#!/bin/bash

ant clean compile
if [ $? -ne 0 ];then
    exit 125;
fi
ant -f bisect-build.xml
if [ $? -ne 0 ];then
    exit 1;
else
    exit 0;
fi
```

该脚本会去调用构建文件中的各种构建 target，并检测 Ant 的退出码。测试失败时 Ant 会返回一个大于 0 的退出码。我们需要将其转换成二分查找进程所需要返回的代码。

- 如果构建失败，就返回退出码 125。

- 如果测试成功，就返回退出码 0。

- 如果测试失败，就返回退出码 1。

第 3 步：分别找出没问题的和有问题的提交

在对没问题和有问题提交的搜索方面，这里的流程和人工的过程并没有什么不同。但是，你也可以用 JUnit 测试来检查错误。举例来说，我们选择提交 **87ac59e FactorialCompute finished** 来验证一下它确实是没有问题的。

```
> git checkout 87ac59e

> ant -f bisect-build.xml
```

```
Buildfile: bisect-build.xml

test:

BUILD SUCCESSFUL
Total time: 0 seconds
```

特别提醒： 在完成上述过程之后，请不要忘记将 **master** 分支设置成当前活跃分支。

```
> git checkout master
```

第 4 步：执行二分法的自动化排错

在使用自动化排错时，第一次二分查找进程也得要用 **bisect start** 命令来启动。另外，我们还需要将有问题的提交指定为第一参数，没问题的提交为第二参数传递给该命令。

```
> git bisect start 202d25d 87ac59e
Bisecting: 1 revision left to test after this (Roughly 1 step)
[918ed2f29a44e468d690fb770aab1ad2dbae1a5a] sub finished
```

然后在用 **bisect run** 命令来执行名为 **bisect-test.sh** 的 shell 脚本。

```
> git bisect run ./bisect-test.sh
```

下面我们将输出截断，只显示 **bisect run** 命令的最后几行内容。你会很高兴地看到该命令找到了 **918ed2f sub finished** 是第一个出错的提交。

```
  ..
Buildfile: bisect-build.xml

test:

BUILD SUCCESSFUL
Total time: 0 seconds
918ed2f29a44e468d690fb770aab1ad2dbae1a5a is the first bad commit
commit 918ed2f29a44e468d690fb770aab1ad2dbae1a5a
Author: Rene Preissel <rp@eToSquare.de>
Date:   Fri Jun 24 08:04:43 2011 +0200

    sub finished

:040000 040000 0e5bfb07e859072a564eaca073461e4a12a0ed61 \
 329e7f864bac874c69be4531452c753cf56be794 M    src
bisect run success
```

第 5 步：完成二分查找操作

在成功完成排错之后，我们还必须要用 **bisect reset** 命令来结束整个二分查找进程。

```
> git bisect reset
```

```
Previous HEAD position was ebe741d... add finished
Switched to branch 'master'
```

17.5 何不换一种做法

何不用合并操作将测试脚本添加到旧提交中去

上面这个过程的优势在于 Git 在激活新提交的时候将一些未被版本化的文件留在了工作区中。这样一来，我们在旧提交中也可以执行这些"新"的测试脚本了。

当然，我们也可以采用另一种解决方案，就是将测试脚本纳入到一个新分支中（见图 17.2 中的 **bisect-test** 分支）。

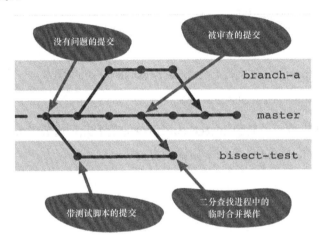

图 17.2 使用 bisect-test 分支

在该二分查找的 shell 脚本中，二分查找进程会在每次测试运行之前将 **bisect-test** 分支合并到当前提交中。然后用**--nocommit** 选项防止其变成一个永久性的提交。

然后待测试完成之后，再用 **reset** 命令重置掉合并操作所带来的修改。

这个操作序列和示例脚本可以在 **bisect** 命令的在线文档的 Example 一节中找到。

这个使用 **bisect-test** 分支的解决方案不仅可以在我们拥有一个测试用例和新增一个新的测试脚本时发挥作用。也可以用于测试必须要适应现有代码的，例如可能是因为测试中某种审核需要访问的数据在旧提交是不可见的。

但在大多数情况下，我们之前所描述的非版本化文件的方案已经够用了，而且它实现起来相对要更容易一些。

第 18 章
基于构建服务器的工作

许多项目都会用到像 Hudson、Jenkins、Cruise Control 这样的构建服务器，以便于经常性地对单元测试和集成测试的部分进行自动化构建。Git 自然可以被用来充当这些待构建软件的来源处。有意思的是，但软件成功被构建是指相关信息也可以也再流回到 Git 版本库中。如果版本库能够了解项目中最后被成功构建并通过测试的是哪一个版本，我们开发者就可以用一个简单的 **diff** 命令来查看本地的开发版与这个版本之间究竟有哪些不同。而且在更理想的情况下，我们还可以利用这个特性构建一个分支，以记录这些本版成功通过测试的历史。这在我们日后想修复某个没有被测试捕捉到的棘手错误时是很有帮助的。

在本章的工作流中，我们将演示如何用 Git 完成以下任务。

● 当前版本的构建与定期测试。

● 开发者可以随时拿最后成功测试的版本与他们工作区的内容进行比对。

● 构建一份记录成功测试的版本历史，以供日后排错之用。

18.1 概述

对于本章的工作流来说，其大脑部分就是构建服务器（见图 18.1）。在这些需定期构建的版本库中，构建服务器通常会交由中央版本库的 **master** 分支中的最新提交来负责配置。而在构建服务器中，这些构建和测试代码只是它的输入源。

在构建服务器中，我们通常会设置两个分支。其中，**last-build** 分支会直接指向 **master** 分支中最后构建成功的那个版本。而 **buildhistory** 分支中则将会包含该软件所有被成功构建的版本。

last-build 分支中的内容会在每次中央版本库成功完成构建时被传送给构建服务器。我们可以通过在 **last-build** 分支中调用 **diff** 命令，随时查看哪些该版本所做的那些修改没有成功通过测试。

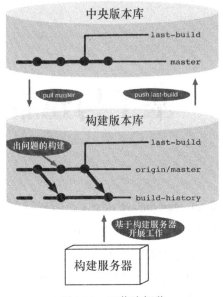

图 18.1　工作流概览

在查找错误相对困难的情况下，开发者也可以从构建服务器中将 **build-history** 分支下载到自己的本地版本库中，以边该错误第一次出现是在哪一个成功构建的版本之后。

18.2　使用要求

- **中央版本库**：该项目必须要有一个可以定义软件当前状态的中央版本库。
- **持续性集成**：下一个发行版的开发要能被定去集成到某个公用分支上（即 **master** 分支）。这种集成将不止发生在开发终止时，而是在完成一个修改之后就立即将其生效。
- **构建服务器**：该项目必须要有一个可用于自动化构建与测试的构建服务器。
- **测试套件**：必相关的单元测试和集成测试套件必须要有，它们应该可以用一段脚本来启动。

18.3　工作流简述：基于构建服务器的工作

构建服务器将负责定期对软件的当前版本进行构建和测试。通过这样做，我们可以得到该软件成功构建的版本历史。除此之外，我们还会早在中央版本库中标记出最后被成功构建的版本。

18.4 执行过程及其实现

18.4.1 预备构建服务器

一个独立的版本库必须要相应地设置一个构建服务器。想要创建一个构建服务器，最简单的方法就使用众所周知的 **clone** 命令。但如果我们使用了 **clone** 命令，包含所有分支的整个中央版本库就会一并被克隆过来。而事实上对于构建服务器而言，我们需要的只是 **master** 分支，然后在上面执行 **init** 和 **fetch** 这两个命令即可。

第 1 步：创建一个空的版本库

首先，我们要新建一个空的版本库。

```
> mkdir buildrepo

> cd buildrepo

> git init
```

第 2 步：获取中央版本库知道 master 分支

我们可以用 **remote add** 命令将构建版本库与中央版本库连接起来，并且为了防止 **fetch** 和 **pull** 命令去获取其所有分支，我们必须要用**-t** 参数来明确指定一个分支。

```
> git remote add -t master origin <central repo>
```

在这条命令中，我们用到了以下参数。

- **-t master**：表示只有 **master** 分支将会在将来执行 **fetch** 和 **pull** 命令时被自动传输。

- **origin**：表示新增远程版本库的名称。我们选择了目标相同的远程名称，以便 clone 命令也能使用这个名称。

- **<centrl repo>**：表示链接到中央版本库的 URL。

目前，中央版本库还没有传送任何提交给构建版本库。所以，我们将会先做一次 **fetch** 操作来传输相关的数据。

```
> git fetch
```

第 3 步：创建一个 build-history 分支

接下来是最后一步，我们需要新建一个名称为 **build-history** 的分支，该分支将记录成功被构建的版本历史。对此，我们会建议你将该分支的起点建立在 **origin/master** 分支的第一次提交上。

如果我们将 **build-history** 分支构建在了 **origin/master** 分支的当前提交上，**origin/master** 分支上现有的提交都将会被纳入到构建历史中。

不幸的是，并没有一个简单直接的 Git 命令可以用来查找某个分支的第一次提交。对此，我们能想到的最好方法就输出日志，然后查看它的最后一项。

```
> git log --oneline --first-parent origin/master| tail -1
```

```
3a05e26 init
```

在这条命令中，我们用到了以下参数。

- **--oneline**：表示只打印一行提交日志。

- **--first-parent**：表示只打印目标提交的第一父级提交。这可以大大降低该命令要处理的信息，使其能更快地返回结果。

- **origin/master**：表示第一次提交应该来自于中央版本库的 master 分支。

- **| tail -1**：表示只打印日志输出的最后一行。

在找到第一次提交之后，我们就可以构建 **build-history** 分支并激活它了。另外，我们也可以用 **checkout** 命令来指定该分支的起点提交。

```
> git checkout -b build-history 3a05e26
```

在这里，**-b** 选项表示新建一个分支，并在工作区中激活它。

18.4.2　构建服务器上的 Git

在接下来的步骤中，我们将介绍 Git 构建服务器上是如何工作的。通常情况下，它们会通过实现一段脚本被集成到各自的构建服务器的架构中。

构建服务器通常都是在 **build-history** 分支开展它的工作的。

第 1 步：获取中央版本库中的修改

我们可以从中央版本库的 **master** 分支中获取最近的提交。

```
> git fetch
```

第 2 步：检查是否存在构建请求

我们需要通过对当前的 **build-history** 分支与 **origin/master** 分支执行一次 **diff** 命令，根据

比较结果来检查版本库中是否存在新的提交。如果没有检测到差异，构建操作就不必启动，我们的操作过程也可以终止了。

```
> git diff --shortstat --exit-code origin/master
```

```
1 files changed, 68 insertions(+), 144 deletions(-)
```

在这条命令中，我们用到了以下参数。

- **--shortstat**：使用了该选项，命令就不会详细显示所有修改的细节，而只显示被修改文件的简要统计数据了。

- **--exit-code**：此选项可以确保该命令在发现差异时返回 1（否则返回 0）。通过这种方式，我们可以轻松地对结果进行评估。

- **origin/master**：表示我们差异检查针对的是中央版本库的 **master** 分支。

第 3 步：清理工作区

如果上述构建失败了，就意味着我们本地工作区中包含的是一个针对损坏构建体的合并结果。为安全起见，我们必须要重置工作区。

```
> git reset --hard HEAD
```

我们也可以用 **clean** 命令删除所有未被版本化的文件。

```
> git clean --force
```

--force 选项表示强制执行 **clean** 命令。

第 4 步：将修改纳入到本地 build-history 分支中

master 分支上的新提交必须要被纳入到 **build-history** 分支中去。由于 **build-history** 分支上没有开发活动，所以 **merge** 命令通常带来的是一次快进式合并，也就是说，**build-history** 分支会直接指向 **master** 分支的当前提交。

但由于我们希望用 **build-history** 分支上的第一父级历史来检索成功的构建，所以这里应该使用的是带**--no-ff**选项的 **merge** 命令。

```
> git merge --no-ff --no-commit origin/master
```

这条 **merge** 命令使用了以下参数。

- **--no-ff**：表示不允许执行快进式合并。

- **--no-commit**：通过这个选项，合并操作虽然还会在工作区中进行，但最初不会产生提交。只有成功执行完构建和测试动作后，提交才会被创建。

第 5 步：完成构建

现在，我们可以在当前工作区中使用构建服务器来构建软件并运行其测试了。这个过程不会牵扯到 Git。当发生错误时，该工作流就会被终止，构建服务器会用 Email 将情况通知给开发者。

第 6 步：完成提交

如果构建成功，预备的提交就会被执行。提交信息中将会包含构建服务器分配它的构建编号。

```
> git commit -m "build <build-nummer>"
```

如果构建或测试失败了，我们可以直接取消这个点上操作。在下一轮循环中，工作区将会被重置（参见第 3 步）。

第 7 步：标记最后一次被成功构建的版本

中央版本库上的 **last-build** 分支应该始终指向 **origin/master** 分支上最后一次被成功构建的提交。

为此，本地的 **last-build** 分支应该先在构建版本库中被创建，或被设置在正确的提交上。麻烦的是我们要将该分支设置到 **origin/master** 提交的正确提交上，而不是当前 **build-history** 分支的合并提交。

我们可以看到在 Git 中，合并提交的父级提交都被标记上了^-符号：**^1** 表示当前分支中的父级提交，**^2** 则表示新增分支上的父级提交。

以图 18.2 中的提交 **Z** 为例，它的第一父级提交是 **build-history** 分支上的提交 **Y**，第二父级提交是 **origin/master** 分支上的提交 **D**。

接下来，我们要用 **branch** 命令创建一个新的 **last-build** 分支，或者修改现有的 **last-build** 分支，使其指向 **origin/master** 分支上的提交：

```
> git branch --force last-build HEAD^2
```

这里的**--force** 选项用于确保 **branch** 命令始终会新建一个 **last-build** 分支，即使在该分支已经存在的情况下。

而 **HEAD^2** 参数则引用的是 **origin/master** 分支上的构建提交。

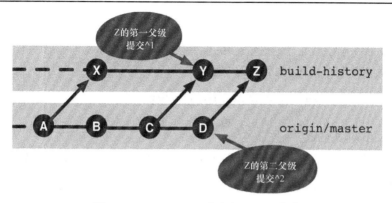

图 18.2　build-history 分支与 master 分支

在让该分支指向本地正确的提交之后，它还必须要被传送给中央版本库。所以接下来我们要使用到 **push** 命令。

```
> git push --force origin last-build:last-build
```

在这里，我们用到了以下参数。

● **--force**：该选项用于确保本地的 **last-build** 分支会始终被置换成中央版本库中的新提交，即使该提交并不是最后一个成功的 Last-Build 提交。

● **origin**：该参数用于引用中央版本库。

● **last-build**：该参数用于表示本地的 **last-build** 分支将会被传送给中央版本库中的 **last-build** 分支。

18.4.3　比对本地开发版本与最后成功构建版本之间的差异

在完成对中央版本库的合并之后，每当开发者自己的版本库中出现内容错误时，拿他们所做的修改与上次被成功构建的版本做一个比对，会是个很有帮助的策略。

在接下来的内容中，我们将会介绍如何比对本地版本与最后一次成功构建版本之间的状态差异。

第 1 步：检查中央版本库中的提交

首先，我们应该要检查一下中央版本库中是否还有来自其他开发者，但又不属于成功构建版本的提交。因为错误也有可能来自于其他人。

为此，我们可以用 **log** 命令来确定一下中央版本库的 **origin/master** 分支上是否还存在一些尚未被纳入到 **origin/last-build** 分支中的提交。例如在图 18.3 中，我们会发现提交 C 就属于这种情况。

```
> git log origin/last-build..origin/master
```
我们可以用 **diff** 命令来比对其中发生的修改。

```
> git diff origin/last-build origin/master
```

第 2 步：反思本地提交

下面，我们要检查以下自己的版本与最后一次成功之间发生了哪些修改。

```
> git diff origin/last-build
```

以图 18.3 为例，这条命令会拿提交 **F** 中的内容与提交 **B** 的内容进行比对。这样提交 **C**、**D**、**E** 和 **F** 所做的所有修改都会被显示出来。

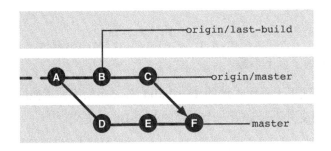

图 18.3　使用 last-build 分支

18.4.4　基于构建历史的排错

在大多数情况下，想要在代码中找到引发错误的地方是很容易的。通常只要阅读一下对错误的描述，就基本能够了解这一定是那些事出了差错。但是，偶尔也会出现一些悄无声息的错误，它们很难被发现。这样一来，如果能确切地知道这些错误在软件中第一次出错的时间，当然对排错工作就很有帮助了。现在，既然我们可以通过 Git 将软件快速恢复到旧版本上，当然应该可以利用这点来系统性地找出错误。我们可以从没有出现该错误的旧版本开始，找出每个之后的版本，检查其中是否有错误发生。通过在版本历史中重复这一动作，我们一定可以找到第一次出现该错误的那次提交。如果运气好的话，检查到的差异可能会很小，我们可以非常精确地修复这个错误。

然而，上述过程也有可能非常繁琐。因此 Git 为我们提供了 **bisect** 命令，以帮助我们来处理这些情况。该命令会获取提交历史的“中间”提交，并对该所影响的区域启动测试。以确定选择位于目前提交的左侧还是右侧的提交来继续处理，以此来找出问题的提交。

当我们只需要考虑之前至少成功被构建并通过测试的版本时，这种方法是最有效的。如果不是这种情况，我们就可能会因为一些因为严重错误而无法构建的旧版本而浪费大量的时间。

这时候就轮到我们的构建历史"粉墨登场"了，因为该分支中只包含已被成功构建的提交，并且它们也都成功通过了所有的单元测试。

但是，构建历史通常既不包含在本地版本库中，也不存在于该分支的中央版本库中。我们也许要通过 **fetch** 命令，从其他版本库中导入这些提交。

第 1 步：链接到构建版本库

如果想访问构建版本库，我们就需要在开发者版本库中创建一个名为"build"的远程版本库。

```
> git remote add build <build-repo-url>
```

第 2 步：搬运构建历史

接下来，我们要通过 **fetch** 命令将版本历史搬运到本地的开发版本库中。

```
> git fetch build
```

第 3 步：创建一个本地分支

基于 **build-history** 分支创建一个本地分支，对日后的操作会有所帮助。

```
> git checkout -b history build/build-history
```

第 4 步：执行 bisect 命令

接下来，我们要定义一个合适的最初状态为"good"的提交，并以此为起点执行 **bisect** 命令开始调试。

```
> git bisect start HEAD <good-commit>
```

现在，Git 会在构建历史中选取一个"中间"提交并对其进行测试。然后我们会依据当前提交被标记为"good"还是"bad"的结果来执行我们的测试。

```
> git bisect good
或
> git bisect bad
```

由于 Git 对于合并提交相关的父级提交都会查看，所以有可能它所选取的提交并非来自我们的 **build-history** 分支。例如，在图 18.4 所示的这段典型的提交历史中，如果 Git 所使用的

算法倾向于检查 **X** 与 **Z** 之间的提交，那么它也有可能会选取 **master** 分支上 **B~D** 之间的提交。

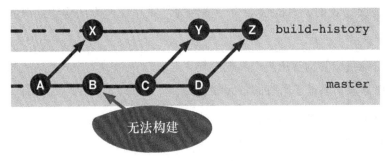

图 18.4　用 bisect 排错

第 5 步：解释结果

在成功执行一次二分查找排错之后，我们在构建历史中找到了出问题的提交。但该提交带来的问题在构建历史之后的每次提交，以及 **master** 分支上的若干次提交中都有可能会被弹出来（例如图 18.4 中的提交 **Y**）。所以，为了打印出可能出问题的这些提交的日志信息，我们还需再做一些杂事。

在这里，每个构建提交对象的第二父级提交（即^**2**）都在 master 分支上有一个对应的提交对象。而构建提交的第一父级提交（即^**1**）对应的则是我们之前构建的提交。

接下来，我们要通过 **log** 命令来确定一下 **master** 分支上这些以某个"问题"构建提交为基础发展起来的提交是否全都会引发错误

```
> git log <bad-commit>^1^2..<bad-commit>^2
```

如果图 18.4 中的提交 **Y** 已被认定为不合格，那么 **log** 命令机就会显示提交 **B** 和 **C** 也有可能会引发错误。

第 6 步：清理

在执行完 **bisect** 命令之后，我们应该将所有不必要的分支、提交以及和远程版本库从开发者版本库中清除出去：

```
> git bisect reset

> git checkout master

> git branch -D build-history

> git remote rm build
```

18.5 何不换一种做法

18.5.1 何不使用标签

对于构建历史来说，标签是一种既可以存储成功构建版本，又可以在独立分支中存储合并提交的替代实现方案。这个方案甚至会让整个过程变得更为简单，因为我们不必为其做任何预备工作和执行合并提交。我们只需要考虑以下几点。

- 这种方案会创建大量的标签，可能会导致其他非构建类标签难以被找到。

- 这种方案只有在那些构建和测试都不可能执行的提交上才会给二分查找排错带来更高的效率。

- 在这种方案中，被构建版本（标签）的逻辑顺序只能通过构建编号来隐式表示。

对于 **last-build** 分支也是如此，我们可以用标签来代替分支。但这需要我们在每次成功构建之后都要删除并重建标签。这在本地版本库中是可行的，但一旦我们将标签传送到了中央版本库中，就会出问题了。

虽然就目前的情况来说，我们要在中央版本库中删除并重建一个标签还是有可能的。但其所有的克隆版本库并不能通过调用 **pull** 命令来获取更新的标签，因为该命令会忽略掉任何现有的标签。

18.5.2 何不将构建历史放在中央版本库中

在我们的实现说明中，构建历史不会随中央版本库一起发布，它只在构建版本库中是可见的。

为什么将构建历史存储在中央版本库中是毫无意义的呢？

其主要的原因是这样做会带来很多合并提交，会"污染"正常的提交历史。每一次成功的构建都是基于 **origin/master** 分支和 **build-history** 分支的一次新的合并提交。在正常的项目历史视角中，什么版本被成功构建过是无关紧要的信息。这些合并提交会给其日志输出带来不少混乱。

最为糟糕的情况是，如果我们的构建服务器不只有一个而是多个的话。例如，因为 **master** 分支和 **codefreeze** 分支都可以被构建，中央版本库中就会有更多的构建提交。

栅格方法的优势在于，它始终可以将将构建历史中的提交与版本库中的正常项目提交汇集在一起。而要达到这一目的，我们就要既可以在中央版本库中，也可以在构建版本库中执行 fetch 命令。

第 19 章
发行版交付

对于每个项目或产品来说，发布版本的创建都需要一定的时间，其具体过程因各公司或组织的情况而异。

Git 无法用来指定项目进入发布阶段的时间。但我们可以利用标签和分支这两个强大的 Git 工具来为发布进度设置一个很宽泛的时间区间。

在本章的工作流中，我们将以一个典型的 Web 项目为例，为你介绍版本发布的过程。在我们的这个 Web 项目中，始终会存在一个面向产品发布的发行版和一个未来要发布的版本。产品发行版中出现的主要 bug 和安全隐患往往能很快得到解决（以补丁的形式）。而后面这个新版本在正式发布之前，往往要经过一个持续多天的详尽测试期（我们称之为"代码冻结阶段"）。与此同时，下一个版本的开发也会继续进行。

本章的工作流主要演示是如何用 Git 来实施项目的发布阶段，它包含以下内容。

- 产品发行版支持打补丁的功能。

- 在代码冻结阶段并行开发新版本的可能性

- 确保在开发阶段能以补丁的形式修复所有错误，或者测试阶段的工作能回流到开发阶段。

- 发行版的历史以及补丁的历史记录要能很容易地被访问。

- 发行版与开发版之间的比对工作也要很容易进行。

19.1　概述

在图 19.1 中，我们将会看到开发阶段和发布阶段各自所需的分支。

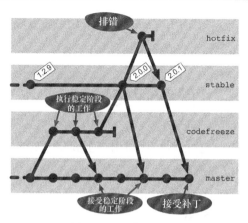

图 19.1　工作流概览

如你所见，开发部分被放在了 **master** 分支上。无论有没有设置 **feature** 分支，**master** 分支都是决定将哪一些代码纳入发行版的唯一主角。

在预备发布阶段，我们会将启用一个独立的 **codefreeze** 分支，以便稳定住将要发布的版本。与此同时，**master** 分支上下一版本的开发工作将继续进行。

一旦稳定阶段的工作完成，我们就可以在 **stable** 分支上创建一个发行版提交，并同时生成一个相应的发行版标签。

如果产品发行版中出现了某个致命性的错误，我们就得为其新建一个热点修复分支。待排错工作完成之后，我们会在 **stable** 分支上创建一个相应的提交修复和发行版标签。

请注意，**codefreeze** 分支和 **hotfix** 分支只存在于项目的稳定阶段与排错阶段。

另外，项目在稳定阶段和修复阶段所发生的修改始终会通过合并的方式返回到 **master** 分支上。

19.2　使用要求

- **产品发行版只有一个**：项目的产品发行版只能有一个。也就是说同一个项目或产品不会同时维护多个版本。虽然 Git 有处理多个版本的能力，但根据本章工作流的设计，我们只能处理一个产品发行版。

- **开发的稳定性**：开发分支需要经过良好的测试，并且在代码冻结阶段所可能出现的错误必须是可控的，以至于我们可以在短期内完成相关的工作。

● **发行版的完整性**：我们在开发分支上新增的内容以及所做的修改要始终被纳入到下一发行版中。

19.3　工作流简述："发行版交付"

该工作流会为项目创建一个发行版。然后用一个独立分支来放置该发行版在预备阶段的内容。而修复相关的当作可以在产品发行版上完成。

19.4　执行过程及其实现

19.4.1　预备阶段：创建 stable 分支

在接下来的这部分内容中，我们将要介绍如何在版本库独立的预备阶段中进行一次产品发布。

在这部分工作流中，我们需要有一个名为 **stable** 的分支，该分支中将只包含新发行版或补丁所需要的提交。**stable** 分支上的第一父级提交历史可以直接用来充当发行版的历史，我们可以用 **log** 命令来显示它们。

```
> git checkout stable

> git log --first-parent -oneline

5901ec9 Hotfix-Release-2.0.1
b955c9c Release-2.0.0
5d0173d Release-1.0.0
3a05e26 init
```

在上述命令中，我们用到了以下参数。

● **--first-parent**：只考虑第一父级提交。

● **--oneline:**：令每条日志输出只打印一行。

在这里，我们的重点是要正确地定义的 **stable** 分支的起点。如果 **stable** 分支被建在了首次发布的提交上，那么 **master** 分支上之前的提交也必然会被纳入其第一父级提交的历史（见图 19.2）。

stable 分支更好的起点应该是在 **master** 分支的首次提交上。这样一来，发行版的历史记录中就只有一个不必要的提交了（见图 19.3 中的首次提交）。

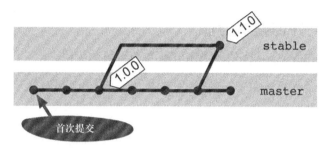

图 19.2　启动第一次产品发布

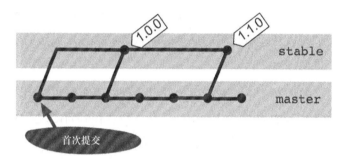

图 19.3　以首次提交为起点的 stable 分支

第 1 步：确定首次提交的位置

不幸的是，Git 中没有命令可用于找出某一分支上的首次提交。所以我们最好的办法是查看日志中的最后一项。

```
> git log --oneline --first-parent | tail -1

3a05e26 init
```

在上述命令中，我们用到了以下参数。

● **--oneline**：令输出内容只以单行形式打印。

● **--first-parent**：令其只返回各提交的第一父级提交，这可以加快其执行速度。

● **| tail -1**：只打印日志输出中的最后一行。

第 2 步：创建 stable 分支

在找到首次提交的位置之后，我们就可以创建 **stable** 分支了。这里需要用到 **branch** 命令，并且也可以额外指定分支的名称。

```
> git branch stable 3a05e26
```

19.4.2　预备并创建发行版

在接下来这部分内容中，我们来介绍用 Git 发布项目的步骤。

由于项目的开发过程被放在了 **master** 分支中，所以一些必要的单元测试和整合测试也要在这个分支上执行。

当开发工作完成，该项目也准备好被发布时，我们通常都会有越来越密集的测试要执行。这就是我们所谓的"代码冻结"阶段。一旦进入了这个阶段，项目代码中就只有会对发行版造成影响的 bug 修复及可能的回避措施才会被执行。这个阶段的持续时间很大程度上取决于项目的开发过程，我们可以从现有代码的质量和测试情况推导出大致的范围，结果可能是几小时，也可能是几个星期。

在代码冻结阶段，我们对于下一发行版的开发工作并不会停止，因为我们将要发表的内容会被稳定在一个独立的 **codefreeze** 分支中。该分支只存在到新的发行版稳定为止。待下一次要发布新的发行版时，我们又会再重新创建一个新的 **codefreeze** 分支。

第 1 步：创建 codefreeze 分支

codefreeze 分支是基于当前的 **master** 分支来创建的。我们可以用 **checkout** 命令来创建这个新分支并激活它。

```
> git checkout -b codefreeze master
```

第 2 步：稳定 codefreeze 分支

在 **codefreeze** 分支中，只有那些会影响发行版的错误才会被纠正。这部分的修复动作将遵循最小变更原则。如果我们没有简单的解决方案实现最小化的错误修改，在必要时我们也可以考虑实现某种规避错误的措施。

另外，**codefreeze** 分支上新增的提交必须要定期合并到 **master** 分支。这些一次性的修复措施也会从当前的开发工作中被清除出去。

```
> git checkout master
```

```
> git merge codefreeze
```

相关的规避措施应该也会被纳入到 **codefreeze** 分支中，因为这些内容将在 **master** 分支中被保留。这些规避措施可以在 **master** 分支中是可以被恢复的（例如通过 **revert** 命令），并由此创建出一个更好的实现（见图 19.4）。

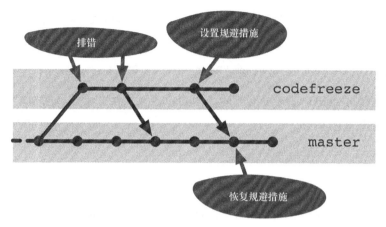

图 19.4 对于 bug 修复及其规避措施的处理

第 3 步：创建发行版

待 **codefreeze** 分支上的测试成功完成之后，我们就可以创建发行版了。

同样地，来自 **codefreeze** 分支的合并操作也必须要基于 **stable** 分支来进行。这对于 **stable** 分支中那些尚未在 **codefreeze** 分支中被测试过的提交来说非常重要。这些提交会导致我们的合并操作在尚未经过完全测试的 **stable** 分支上创建出一个主要发行版。

下面，我们就用 **log** 命令来检查一下 **stable** 分支中是否存在 **codefreeze** 分支中缺失的提交。如果它没有任何输出，就说明 **stable** 分支上没有新增的提交。

```
> git log codefreeze..stable --oneline
```

如果 **log** 命令返回了某种输出，我们就要 **stable** 分支与 **codefreeze** 分支进行重新合并，并针对发行版再次对其进行必要的测试。

如果日志输出为空，**codefreeze** 分支上的合并提交就可以在 **stable** 分支被执行了。

通常，Git 会对这次合并采用快进式合并，因为我们已经确保了 **stable** 分支上没有新的提交。但为了获取 **stable** 分支一份有意义的第一父级提交历史，我们还是应该对其使用**--no-ff** 选项。另外，我们也应该使用注释明确标识一下这个发行版的新提交。

```
> git checkout stable
```

```
> git merge codefreeze --no-ff -m "Release-2.0.0"
```

这里的 **--no-ff** 选项主要用于指示 **merge** 命令不地执行快进式合并。也就是说，该命令始终要新建一个提交对象。

除了提交之外，我们还需要为发行版创建一个新的标签。该标签主要用于快速访问该发行版提交，例如我们将其配合 **diff** 命令一起使用。

```
> git tag -a release-2.0.0 -m "Release-2.0.0"
```

最后，我们要将 **codefreeze** 分支删除，因为该分支只存在于项目的稳定阶段。待下一轮发布时我们又会重建它。

```
> git branch -d codefreeze
```

第 4 步：更新 master 分支

既然发行版已被发布，我们也就确保了发行版中所有的修改也都被纳入到了 **master** 分支中。

尽管 **codefreeze** 分支中所有的 bug 修复提交都已经被合并到了 **master** 分支提交中，但新发行版的提交仍然还存在（见图 19.5）。虽然该发行版提交不会改变任何文件，因此与 master 分支并无关系，但当我们查询"属于 **stable** 分支，但不属于 **master** 分支的提交"时它还是会不时冒出来。因此，我们需要将 **stable** 分支合并到 **master** 分支中。

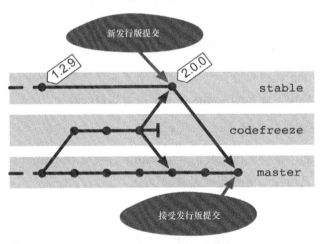

图 19.5　发行版的发布过程

```
> git checkout master
```

```
> git merge stable -m "Nach Release-2.0.0"
```

到目前为止，从版本管理的角度来看，新发行版已经完全被创建了。

19.4.3 创建补丁

补丁所处理的是一种带有紧迫性的修改，它应该尽可能地快速，且独立于其他修改。补丁通常都是直接实现在当前发行的版本中的。像 Web 应用程序中那些不太重要的错误通常会等到下一版本发布时再纠正。但如果有一个错误会得系统无法正常工作，或者会导致安全风险，那它就必须立即得到纠正。

第 1 步：创建 hotfix 分支并进行排错

这样的纠错任务通常需要在一个独立的 **hotfix** 分支中进行。为了能并行启用多个补丁，我们可以让每个人都设置一个属于自己的 **hotfix** 分支。

它的起点应该是 **stable** 分支，指向的是最后一个产品发行版。

```
> git checkout -b hotfix-a1 stable
```

现在，我们可以对项目做一些必要的修改了。

第 2 步：验证补丁被并行化创建的可能性

如果我们已经完成了错误纠正和新发行版的创建，接下来就必须要检查以下提交历史，看看在此期间是否还有另一个补丁在运行。为此，我们就需要用 **log** 命令来查看该历史记录中是否还存在属于 **stable** 分支，但不属于 **hotfix** 分支的提交。

```
> git log hotfix-a1..stable --oneline
```

如果 **stable** 分支在补丁被安置之前的这段时间里发生了其他修改，我们就必须要检查一下这些修改是否也将以补丁的形式工作。这样的话，我们的历史记录将会保持线性发展，这些补丁应该通过变基操作被放置在 **stable** 分支的最新提交中（见图 19.6）。

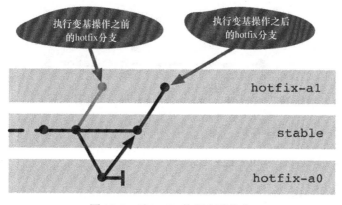

图 19.6　对 hotfix 执行变基操作

```
> git rebase stable
```

这样一来，该补丁提交就被建在了 **st able** 分支的最后一次提交之上。

第 3 步：发布补丁

现在来正式发布这个补丁，为此我们需要对 **hotfix** 分支和 **stable** 分支来一次合并操作。自然，我们会再次不允许快进式合并，因为我们要创建一个新的提交。而且该合并提交的注释中也应该注明必要的发行版信息。

```
> git checkout stable
```

```
> git merge hotfix-a1 --no-ff -m "Hotfix-Release-2.0.1"
```

除了提交之外，我们还需要为发行版创建一个新的标签。

```
> git tag -a release-2.0.1 -m "Hotfix-Release 2.0.1"
```

最后，我们可以将 **hotfix** 分支删除。

第 4 步：在其他分支上接受补丁所做的修改

当然，我们在 **hotfix** 分支中所修复的错误还必须被传送给其他活动分支。

在代码冻结阶段，补丁只能将其所做的修改传递给 **codefreeze** 分支。之后，**codefreeze** 分支会将这部分修改再传递给 **master** 分支（见图 19.7）。

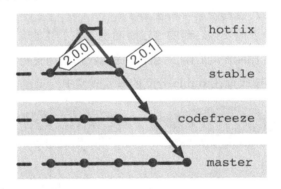

图 19.7　在 codefreeze 分支与 master 分支中接受补丁

```
> git checkout codefreeze
```

```
> git merge stable -m "Hotfix 2.0.1"
```

```
> git checkout master
```

```
> git merge codefreeze -m "Hotfix 2.0.1"
```

而在非代码冻结阶段，补丁中的修改可以直接被传递给 **master** 分支（见图 19.8）。

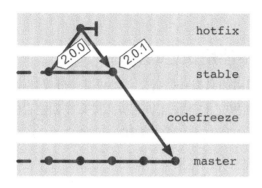

图 19.8　在 master 分支中接受补丁

```
> git checkout master

> git merge stable -m "Hotfix 2.0.1"
```

19.5　何不换一种做法

19.5.1　为什么不能只用标签

在本章工作流中，我们所描述的是 **stable** 分支与标识版本的附加标签之间的搭配使用。那么，如果只用标签行不行呢？

对于那些纯标记性的，并可据此重现的发行版来说，当然使用丰富的标签是足以应对实际需要了。

但如果我们要谈及对于版本发布历史及补丁发布历史的理解的话，单独依靠标签就不切实际了。这样的话，我们只能根据标记名称来猜测时间顺序快乐。而通过 **stable** 分支，我们就可以用第一父级提交历史来做这件事。

19.5.2　何不干脆不用标签

标签实际上就是我们为提交设置的符号名称。如果我们想比较以下当前开发版本与某一特定发行版之间的区别（使用 **diff** 命令），标签确实是比提交的散列值要更实用一些。

```
> git diff release-1.0.0
```

如果消除掉了这些标签，我们就必须要先在 **stable** 分支找到相应的提交，然后再指定它的散列值了。

```
> git diff 5d0173d
```

19.5.3　为什么不能用快进式合并

在 Git 中，分支中能引用的只有一些提交。如果某一分支被激活（通过 **checkout** 命令），那么该分支所引用的各个新提交都会被自动更新。提交在创建它的这个分支上并不会留下历史信息。因此分支上的第一父级提交历史是它唯一可选的、"启发式"的历史形式。

对两个分支进行快进式合并的结果会指向同一个提交对象。如果我们想使用的是第一父级提交历史，这种做法就无法对这两个分支中的其中一个父级提交的创建动作进行跟踪了。

如果我们不允许执行快进式合并，那么合并操作就始终会去创建新的提交。这样一来，它的第一父级提交就是当前分支下的最后一次提交，而第二父级提交则是之前已添加的那次提交。

19.5.4　为什么不直接在 stable 分支上实现补丁

本章工作流所介绍的是如何纠正一个严重的错误，它应该建立一个独立的 **hotfix** 分支。从原则上来说，直接在 **stable** 分支上做这件事也是可以的。

但在某些情况下，有些与发行版无关的提交也会出现在 **stable** 分支的第一父级提交的历史中。当这种情况发生时，要创建的补丁往往就不止一个了。

而且，这样做会使我们很难并行化地创建补丁。

第 20 章
拆分大项目

通常软件项目都是由单体小型系统开始的，在开发过程中项目规模和团队人员不断扩大，将项目模块化会显得越发重要。第一步是将项目内部结构模块化，最终会需要将各个模块独立开发并拥有不同的提交发布周期。

由于 Git 版本库是以整个版本库作为一个整体来发布版本的，所以每个拥有独立发布周期的模块都需要新的 Git 版本库。

为 Git 版本库拆分模块过程中的挑战之处在于要尽可能保留原版本库中文件及其版本信息。同时，新的版本库不应该包含本模块不需要的文件，也不需要包含那些没有更改本模块相关文件的提交。

在主版本库中，模块的历史没有被删除，所以原项目中的历史版本已然存在并可以复现。因此，不同模块的历史数据同时存在于拆分前后两个版本库中。

大部分拆分出的模块依然被主项目所需要，应以外部模块的角色集成到主项目中，这种集成关系，在 Git 中被称为子模块（submodule）。

这段工作流演示了如何在 Git 中抽取模块，同时实现这样 3 种目标。

- 只有该模块所需要的文件被导入到新版本库。
- 模块文件历史将被保留在新版本库中。
- 模块可以作为外来模块再次被集成到主项目中。

20.1　概述

接下来这段操作中，我们使用如图 20.1 上部显示的项目结构为例。

这段实例工作流是基于 Java 目录结构的，整个项目有 3 个模块，每个模块中的文件分别置于源代码（**src**）和测试代码（**test**）两个子目录中。换句话说，也就是每个模块包括两个部分。接下来将模块 3 分化到独立的版本库中。

第一步，删除所有无用的文件，使用 **filter branch** 命令在原版本库的一个克隆分支上提交即可。接下来，更新新模块版本库的目录结构用以管理模块 3。最后，将模块 3 从原项目中移除，再将新模块版本库作为子模块合入原项目的外部引用目录中，结果如图 20.1 下部所示。

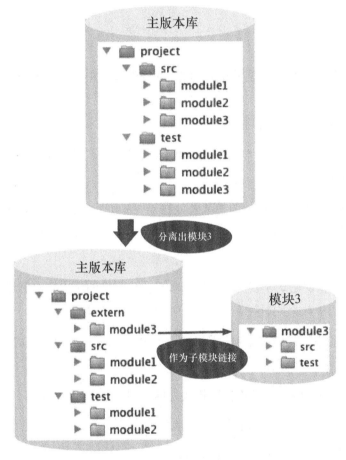

图 20.1　工作流概览

新的模块版本库中可以重建文件的修改历史，也就是跟踪记录谁在什么时间做了什么修改，但是不可以完整地重现历史版本。原因是一个模块的文件往往源自另外一些模块。在模块版本库中尝试恢复项目的某一历史版本可能不仅会涉及本模块目录，而是不同目录文件的混杂集合。而且，在过去的版本中本模块可能被用作某些文件的依赖，而这些文件已经不存在了。

在主版本库中，整个项目的旧版本依然可以恢复重现。

20.2 使用要求

- **项目内部需要模块化时**：项目内部需要被分为不同的模块，比如当某一模块需要独立开发和发布版本。

- **模块文件被分置于不同的目录中时**：这时要提取模块的某一历史版本，文件在不同个目录中将需要不同的处理，如果文件十分分散代价将非常大。

20.3 工作流简述："拆分大项目"

一个模块从项目中被删除并迁移到独立的版本库中，提交历史将被保留下来，无用的文件和提交历史将被删除。独立模块将以外部子模块的形式回到项目中

20.4 执行过程及其实现

注意！部分以下命令将彻底改变版本库。虽然 Git 中改变通常可以撤回，但仍应在开始之前确保你的版本库已备份。

```
> git clone --no-hardlinks --bare projekt.git projekt.backup.git
```

使用 **--no-hardlinks** 选项来保证克隆的版本库和源版本库不共享任何文件。

20.4.1 拆分模块版本库

第 1 步，克隆主版本库
作为模块版本库的起点，首先将主版本库克隆一份。

```
> git clone --no-hardlinks --bare projekt.git modul3-work.git
```

第 2 步，删除无用的文件和提交
接下来，必须删除无用的文件和提交，这是最复杂的一步，也是为了保留模块历史至关重要的一步。

删除一个版本库中的部分内容可以用 **filter-branch** 命令。它将针对待修改的提交来创建

一次新的提交，通过配置不同的过滤器来改变这次提交的内容。

以下示例 **filter-branch** 命令将删除 **src/module1** 目录下内容。

```
> cd module3

> git filter-branch --force --index-filter
    'git rm -r --cached --ignore-unmatch src/module1'
    --tag-name-filter cat
    --prune-empty -- --all
```

参数可以这样配置。

- **-index-filter 'git rm -r -cached -ignore-unmatch ...'**：通过配置这样的参数，可以将文件从提交中移除。**rm** 命令逐个提交操作。在如上示例中，将作用于 **src/module1** 文件目录。如果待清理的项目没有明显的模块化结构层次，可能需要删除多个文件或多个文件目录。

- **-tag-name-filter cat**：可以为已经存在的或者新建的提交标注标签。

- **-prune-empty:** 将删除经过前面的过滤器后不包含任何文件的空提交。

- **-all:** 将过滤器适用于整个项目的所有分支。

在示例的项目中，如此的操作需要依次在 **test/module1**、**src/module2** 和 **test/module2** 文件目录下执行。

关于 **filter branch** 命令每项参数的详细描述，可以参照 Git 帮助。

第 3 步：删除无用的分支和标签

不是所有标签和分支在新的模块分支都有意义。例如，那些与模块不相关的文件标签和分支就是无意义的，需要被删除。

```
> git tag -d v1.0.1

> git branch -D v2.0_bf
```

第 4 步：缩减模块版本库的规模

Git 为了缩减规模在管理数据中删除无用的文件需要重复克隆一次。

```
> git clone --no-hardlinks
--bare module3-work.git module3.git
```

这样，过去的模块版本库 **module3-work.git** 就不再有效，可以删除了。

```
> rm -rf modul3-work.git
```

第 5 步，定制模块版本库文件架构

到目前为止，新版本库的文件结构和主项目一样，只是删除了无关本模块的文件。调整文件目录结构是通过一般的文件操作完成的，为了这个目的，首先应做一份带有工作空间的克隆。

```
> git clone module3.git module3
```

将源代码目录 **src/module3** 重命名为 **src** ，测试代码目录 **test/module3** 重命名为 **test**。

```
> cd module3
```

```
> mv src/module3 module3
```

```
> rmdir src
```

```
> mv module3 src
```

```
> mv test/module3 module3
```

```
> rmdir test
```

```
> mv module3 test
```

接下来，修改操作通常是借助于 **commit** 命令，再通过 **push** 上传到干净的版本库中。

```
> git add --all
```

```
> git commit -m "Directory structure adapted"
```

```
> git push ,
```

如果版本库中有多个分支，那文件操作要在各个分支上依次完成。.

通常没有必要保留主项目所有的分支。新的版本库有新的分周期，旧分支通常没有意义。

第 6 步：在主项目中删除已被拆分出来的模块目录

当拆分出的模块已迁移到新的版本库中，下一步就是让主项目来做拆分后的调整。删除无用的源代码目 **src/module3** 和测试目录 **test/module3**。这里的调整主要是在主版本库中的一些普通的文件操作。

如果项目中有多个分支需要集成这一个改变，那也需要分别进行调整。**cherry-pick** 命令可以用作将变化调整部署到不同的分支。

20.4.2 将拆分出的模块作为外部版本库集成

经过前面一系列操作，现在已经拥有两个版本库了，通常原主项目仍需引用拆分后的模块，所以需要集成操作。

集成操作严格依赖于开发平台。例如在 Java Maven 项目中，可以将拆分出的模块项目独立创建编译，并将结果保存在 Maven 项目中，在主项目中将其定义为依赖条件，在创建编译主项目的过程中充 Maven 中获得模块项目。

如果使用 Git 来执行集成操作，那就需要用到子模块（submodule）。有了子模块，一个 Git 版本库就可以链接到另外一个 Git 版本库了。

将外部模块集成到主版本库中

在上述示例中，模块 3（**module3**）的版本库被链接到了主项目的 **extern/module3** 文件目录下。首先从主项目版本库的一个克隆版开始操作。选定项目的根目录，使用 **submodule add** 命令加入子模块，该命令有两个参数，第一个是模块版本库的路径或 URL，第二个参数是在主项目中即将链接的路径。

```
> git submodule add /global-path-to/module3.git extern/module3
```

submodule add 命令会在特定的目录下创建一个模块版本库的克隆，这个克隆会在主版本库中作为外部引用。

文件目录 **extern/module3** 指向外部版本库的最新一次提交 (**HEAD**)。

截至目前，子模块只能在工作区中可见，需要只用 **commit** 命令提交使修改作用于整个版本库。

```
> git add -all
```

```
> git commit -m "Modul3 added"
```

可以使用 **push** 命令将添加子模块链接捷径的修改推送到中央版本库。

20.5　何不换一种做法

20.5.1　何不采用一个全新的版本库

有另外一种可以考虑的替换方案是简单地为模块创建一个新版本库。那么，新版本库中就没有原模块的历史记录了，但是原始版本库中仍然有模块的旧版本信息。

如果这种缺陷可以被接受，那这种方案在实现上显得最为简单。

20.5.2 为什么不采用 --subdirectory-filter 选项

使用 **filter-branch** 命令和**--index-filter** 参数可以实现将提交中的文件删除。

filter-branch 命令的**--subdirectory-filter** 参数可以指定将排除某一文件夹之外的文件全部删除，还可以在删除指定的文件夹后改变项目的根目录节点。

只要模块全部独立存储在一个文件目录下，那么这个命令就可以较方便地用来创建模块版本库。在上文示例中，模块文件被分散在两个目录下，因此不能适用这样的操作。

即使模块中的文件所属文件目录被迁移或者被改名，**subdirectory-filter** 仍然可以保留部分历史信息。

第 21 章
合并小型项目

在项目的初始阶段，往往需要针对重要的设计决策和技术实现原型实验。当原型评估结束后，需要将那些成功的原型合并起来称为整个项目的初始版本。

在这样的情景中，各个原型会分散在不同的版本库中有不同的版本。当整个项目启动时，最好建立一个公共版本库，将不同原型中的文件合并到这个版本库中。

考虑另外一种情景，项目的初始版本过分模块化并且版本独立。随后会出现相同的修改需要在不同的版本库中同步执行，并且修改文件需要在不同版本库中相互转移。将它们合并到同一版本库也可以解决这个问题。

本章的工作流会演示在 Git 中合并多个版本库，同时：

● 保留所有文件的历史版本；

● 保留所有版本库的标签。

21.1 概述

这段工作流可执行的基础是 Git 支持使用 **fetch** 命令将提交从多个版本库导入同一版本库中。Git 并不要求被合并导入的提交拥有共同的源版本。

如图 21.1 顶部所示**后端（backend）**和**前端（ui）**两个版本库将作为待合并的项目示例。

将所有提交导入到同一版本库之后，将会产生两套不同提交历史。如果切换至后端或者前端项目某一个特定的历史版本提交，那么工作区只会显示被选取项目的文件。

创建公共项目中重要的一步是使用 **merge** 命令合并那些不相关的历史提交。

为了准备合并，有必要为现有的每个项目创建一个新的根目录，并把它们当前所有文件移到该根目录下（新文件目录分别命名为 **backend** 和 **ui**）。合并之后，公共项目的根目录将包含两个子目录（**backend** 和 **ui**），如图 21.1 底部所示。

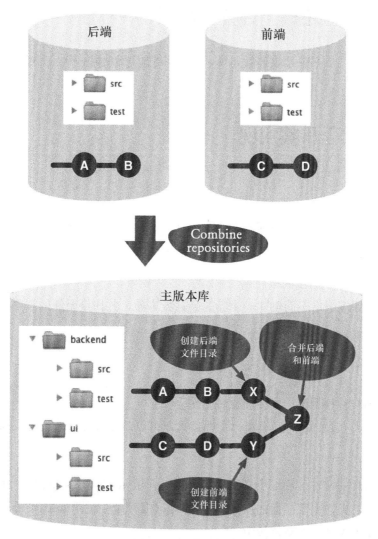

图 21.1　工作流概览

这样做可以避免合并过程中的冲突。

21.2　使用要求

不同的标签：每个项目都需要有不同的标签名。如果不同的项目中含有相同的标签，必须将它们删除或者重新创建一个独特唯一的标签名。

21.3　工作流简述："合并小项目"

许多项目，每一个都有独立的版本库，需要将它们合并到一个公共的版本库中，并保留各自的提交历史。

21.4　执行过程及其实现

合并版本库

随着接下来的操作步骤，将演示两个版本库（**前端**和**后端**）的合并。合并前每个版本库都有一个主分支。合并后将只有一个版本库和一个主分支。

第 1 步：创建一个主版本库

首先，克隆后端版本库而创建一个新的公共版本库，并切换至新的工作区。

```
> git clone backend common
```

```
> cd common
```

第 2 步：将文件移到该项目专属文件目录下

创建一个名为 backend 的后端项目文件目录，可以避免合并前端项目时的文件冲突。

```
> mkdir backend
```

接着，将所有的文件移到这个文件夹中，可以使用 **mv** 命令来执行这一操作。文件和文件目录的整理属于操作系统层面的操作，也需要在 Git 系统中使用 **add** 和 **rm** 命令，将添加和删除文件的操作纳入到待提交修改中。

```
> git mv src test backend
```

最后，操作完成，使用 **commit** 命令提交修改。

```
> git commit -m "backend directory created"
```

第 3 步：导入另一个版本库

为了导入前端版本库，首先在公共版本库中创建一个新的远程端点。

```
> cd common
```

```
> git remote add ui ../ui/
```

使用 **fetch** 命令，将前端版本库所有的 Git 对象（包括分支、标签、版本提交）导入公共版本库中。

```
> git fetch ui
```

注意！如果待导入的前端版本库中的标签已经在公共版本库中存在同名标签，那后导入的标签将被忽略。

第 4 步：将导入的文件移到该项目专属文件目录下

下一步，为导入的项目文件创建一个名为 ui 的前段项目文件目录。由于首先导入的后端项目已存在 **master** 分支，需要为前端项目中同名的 **master** 分支另外创建一个本地分支名，在此命名为 **uimaster**。

```
> git checkout -b uimaster ui/master
```

上述参数分别代表如下含义。

● **-b:** 创建一个新分支并设为活动分支。

● **uimaster：** 本地分支名。

● **ui/master：** 引用远程版本库 **ui** 中的 **master** 分支。

如同上文**第 2 步**中操作步骤，创建前端项目文件目录并将项目文件移至该目录下。

```
> mkdir ui
```

```
> git mv src test ui
```

```
> git commit -m "ui directory created"
```

第 5 步：合并项目

在两个项目分别导入了公共版本库，并有各自独立的项目文件目录，接下来执行合并操作。

合并操作在 **master** 分支上执行，将其设为活动分支。

```
> git checkout master
```

使用 **merge** 命令将 **uimaster** 分支合并入 **master** 分支。因为两个分支中文件在不同的两个文件目录下，所以合并不会发生冲突。

```
> git merge uimaster
```

合并的结果可以由图形化日志（**log**）命令查看，可以方便地查看到两个独立发展的项目原提交历史。

```
> git log --graph --oneline

e40fcb2 Merge branch 'uimaster'
|\
| \\
| * ace51c9 ui directory created
| * 40feb24 foo and bar added
* f8bd134 backend directory created
* fa1482a bar added
* bddfa53 foo added
```

删除专门用来的执行合并操作的临时分支 **uimaster**。

```
> git branch -d uimaster
```

这样就完成了，合并得到一个公共分支，包含两个项目的全部历史和标签。

21.5　何不换一种做法

为什么不直接合并，跳过创建项目文件目录

可不可以跳过第 2 步和第 4 步呢？为什么要为每个项目创建项目独立的文件目录呢？

如果不创建新的文件目录，那么合并命令执行时将尝试合并两个项目的根目录到一个根目录，并合并其中文件。两个项目中相同的文件将被合并至一个文件并且需要解决冲突。

如果要合并两个前期不相关的项目，那同名同目录文件需要被合成一个文件的情况可能很少见。大多数情况遇到同名文件，需要移动或者重名其中一个来解决冲突。文件系统层面的操作在合并开始前执行比合并过程中执行要容易一些。

本章上述流程阐述了合并项目文件是可以通过为不同的项目创建专属的子文件目录并分别版本化管理来实现的。

第 22 章
外包长历史记录

Git 版本库会随着时间积累越来越大，会影响它的内存管理效率。通常在版本库中只有源代码文件情况下，这点效率影响可以忽略不计。在现有的磁盘效率和网络带宽条件下，这样的版本库并不显得过大。

但是，如果有大型的二进制文件（库文件、发布产物、测试数据库、图像文件）也在版本库中被管理，那么这个版本库的过大真的会带来负面影响。

和中央集中式的版本控制系统相比，分布式的版本库会消耗更多的计算传送资源。在克隆一个版本库时，所有的历史版本文件都会被复制。

本章工作流会颜色如何外包过长的版本库历史记录，实现：

● 新的项目版本库会占用较少的资源

● 依然可以使用 **log**、**blame** 和 **annotate** 命令搜索历史版本提交。

22.1 概述

这段工作流包括三部分核心操作。

● **grafts 文件配置**：通过 **grafts** 移植文件配置，删除本地版本库的父节点提交。

● **filter-branch 操作**：使用 **filter-branch** 命令可以复制版本库中所有的提交并批量修改他们，修改后可以将原父节点关系可以被永远删除。

● **alternates 操作**：通过 **alternates** 代替文件配置，链接不同版本库的提交。

如图 22.1 上部所示本章示例项目版本库结构概况，有 3 个提交 **A**、**B**、**C**。其中 **C** 的历史将被移除作为演示。

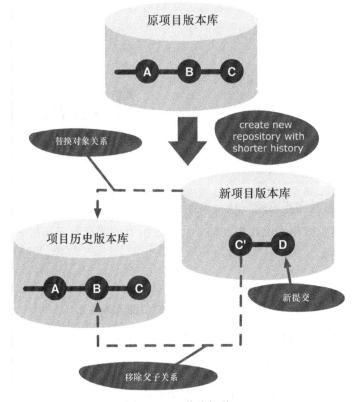

图 22.1　工作流概览

　　首先，借助 **grafts** 命令，我们对提交 **C** 做修改，将其父节点提交删除。创建一个新的版本库，再使用 **filter-branch** 命令只得到修改后不含父节点的提交 **C**。外包历史的操作就完成了。这些部署都只发生在新的项目中，所以之前的版本库可以作为档案留存。

　　为了搜索整个项目历史，档案版本库应被 **alternates** 命令链接到新的项目中，再使用 **grafts** 命令，将提交 **C** 连接到正确的父节点（见图 22.1 底部）。

22.2　使用要求

- **一致切断时**：要求所有的项目成员一致同意并同步进行版本库历史切断操作，并在新的克隆上开展后续工作。

- **项目历史罕有需要**：当项目历史频繁被许多人查询使用时，应该接受它占用较多的资源，而不需要去执行外包操作。

● **提交的散列值不被在意**：Git 提交的散列值可以被用来监测对旧版本未授权的更改。但是这样外包操作会切断历史，创建新的提交，使散列值改变。

22.3 工作流简述："外包长历史记录"

这段工作流的目的是精简有过长历史，过多文件的版本库大小。

旧的版本提交将被外包成一个独立的档案版本库，搜索历史操作依然可以执行。

22.4 执行过程及其实现

22.4.1 外包项目历史

这段操作过程详细地描述了一个版本库历史如何被外包。更具体地来说，是建立一个新的版本库只含截断的版本历史。

注意！原版本库的克隆在新的版本库中将不能使用。因此所有的开发修改工作都必须合并入中央版本库之后才进行外包操作，也应通知所有的开发者不再在原版本库的克隆上继续提交修改。

操作开始时项目结构如图 22.1 顶部所示。这个示例是一个简单的版本库，在主分支上有 3 次版本提交。新的项目版本库将从提交 **C** 开始创建。

通过下面这条 **log** 命令，我们得到了提交 **B** 和提交 **C** 的散列值。

```
> cd project.git

> git log --pretty=oneline

166a7e047a85b318720dc6e857a5321f9a3df7b4 C
dcbddd5cd590de3d30e1ecca1882c9187e7eab95 B
577b8e2cf613c43ed969453477fadc189482c1fb A
```

--pretty=oneline 参数指定输出格式是同一条日志输出为一行，与**--oneline** 参数指定的效果不同的是其结果中的散列值不会被截断。

第 1 步：创建移植标签

这是一步为集成档案版本库的准备工作。为了后续集成档案版本库的操作，需要预先知道历史前序节点的散列值。在上述示例中，就是提交 **B**。较好的解决方案是在即将成为新项目第一个提交的 **C** 处创建一个标签（**grafts/master**），将这个散列值信息储存在标签注释中。

这个标签会被带到新的项目版本库中。不应该将标签创建在提交 **B** 处，因为这个提交节点会被新项目版本库排除在外。

创建表情命令 **tag** 可以标识提交 **C** 的散列值，也可以将提交 **B** 的散列值储存在标签描述中。

```
> git tag -a grafts/master
166a7e047a85b318720dc6e857a5321f9a3df7b4
-m "Predecessor: dcbddd5cd590de3d30e1ecca1882c9187e7eab95"
```

这里，**grafts/master** 是新建的标签名。在 Git 中创建标签名和分支名时是允许使用斜线符号 "/" 来表示层次关系的。

如果现实中项目有多个分支，那么需要在每个分支重复以上操。这就是说需要为每一个分支分别决定在何处截断历史，并创建一个新的标签 **grafts/<branch-name>** 来储存前序提交节点信息。

第 2 步：创建一个克隆

接下来的操作会永久的更改版本库内容。因为我们仍需要保持原版本库不变以作为档案版本库，所以必须创建一个克隆版本库。另外这样会使待操作版本库成为没有工作空间的裸版本库，方可使用 **push** 命令。

```
> cd ..
> git clone --bare project.git temp-project.git
```

第 3 步：通过 grafts 文件来转换历史

现在开始在克隆版本库上删减版本历史。

这步操作需要创建一个 **info/grafts** 文件并编辑它，文件 **info/grafts** 的格式十分简单。每一行标识一条提交的前序提交关系。因此只会依次记下当前提交的散列值、空格、前须提交的散列值。如果这一行的第二个散列值为空，那说明这次提交没有前序提交。

在我们的示例中，提交 **C** 将没有前序提交。所以这一操作将创建一个新的 **grafts** 文件，并将提交 **C** 的散列值写入：

```
> cd temp-project.git

> echo 166a7e047a85b318720dc6e857a5321f9a3df7b4 >info/grafts
```

如果正在操作的项目有多个分支，那么需要为那个分支增加一行。

检查标识成功，可以用 **log** 命令来查看。在我们的示例中，只会显示出提交 **C** 的信息。

```
> git log --pretty=oneline

166a7e047a85b318720dc6e857a5321f9a3df7b4 C
```

第 4 步：永久性的改变版本库

在通过 **grafts** 文件调整过后，可以用 **filter-branch** 命令创建一条新的永久提交。这条命令可以取得指定分支的所有提交，并按照规则过滤选取部分提交来重新提交。在本文示例中，不需要设置特定的过滤器，因为这次提交的唯一目的是根据 **grafts** 文件修改提交历史。

这里需要用到**--tag-name-filter** 参数，将已有的标签带到新的提交中。

```
> git filter-branch --tag-name-filter cat ---all

Rewrite 166a7e047a85b318720dc6e857a5321f9a3df7b4 (2/2)
Ref 'refs/heads/master' was rewritten
Ref 'refs/tags/grafts/master' was rewritten
WARNING: Ref 'refs/tags/release-1' is unchanged
Ref 'refs/tags/release-2' was rewritten
grafts/master -> grafts/master
(166a7e047a85b318720dc6e857a5321f9a3df7b4
   -> 259ee224ac1f2d73898ec2ed25ad4dccd3c40f70)
release-1 -> release-1
        (577b8e2cf613c43ed969453477fadc189482c1fb
   -> 577b8e2cf613c43ed969453477fadc189482c1fb)
release-2 -> release-2 (166a7e047a85b318720dc6e857a5321f9a3df7b4
   -> 259ee224ac1f2d73898ec2ed25ad4dccd3c40f70)
```

参数配置如下所示。

● **--tag-name-filter cat:** 表示所有的标签都讲重新创建病指向新的提交。

● **-all:** 表示作用于版本库中所有的分支。

可以看到 **filter-branch** 的输出结果显示散列值为 **166a7** 的提交 **C** 被选取并重新提交为散列值 **259ee** 。

在输出中可以看到一条警告（warning），名为 **release-1** 的标签不符合新的提交历史。因为在调整前的版本库中该标签绑定到了提交 **A**。现在提交 A 已经不存在与新的提交历史中了。

这些标签需要手动删除，否则他们最终会影响 Git 删除相应的版本提交操作。

```
> git tag -d release-1
```

第 5 步：缩小版本库

在这个阶段，版本库已经完成转换新历史记录的整理。但是 **filter-branch** 命令尚未删除不再需要的旧版本提交，原因是他们还被引用着。因此版本库并没有比整理前缩小。

再次克隆版本库，会得到一个只包含新历史的版本库。之后，可以删除上述操作中产生的中间临时版本库。

```
> git clone --bare temp-project.git new-project.git
> rm -rf temp-project.git
```

新的版本库可以使用 **gc** 命令压缩。这一操作会执行各种清理删除工作，其中包括压缩新文件，删除它指向不可用对象的引用。

```
> cd new-project.git
```

```
> git gc --prune
```

参数**--prune** 表明所有所有文件不再需要的旧版本都必须被清除。

至此，新的版本库开始对所有开发者可用，供克隆和使用。

22.4.2　链接到当前活动版本库

如果仍需要接触历史版本信息，当前版本库必须链接到档案版本库。这只是一条本地链接，可以被每个开发者独立使用激活。

以下步骤中，假设一个开发者已有对新版本库的克隆，并有了一条新的版本提交 **D**（见图 22.1 底部）。

第 1 步：克隆档案版本库

为了得到历史信息，需要克隆档案版本库。因为档案版本库不再有开发工作，裸（bare）克隆即可。

```
> git clone --bare project.git archive-project.git
```

第 2 步：链接档案版本库

档案版本库的提交需要在开发者本地版本库中设置为可用。

为了在一个版本库中读取其他版本库，需要在**.git/objects/info/alternates** 文件中设定候选路径。该文件中每行都指向其他版本库中对象的绝对路径。

请注意，必须指向该对象的文件目录，仅仅指向该对象所在的版本库根目录是不够的。

使用 **echo** 命令在该文件中添加新的一行候选路径。

```
> cd new-project
```

```
> echo /gitrepos/archive-project.git/objects
```

```
>> .git/objects/info/alternates
```

第3步：连接到历史版本

最后，使用上文已经熟悉使用过的**.git/info/grafts** 文件，将提交 **C′**链接到档案版本库的提交 **B**。

这种情况下，**grafts** 文件中准备好的标签将有效的提供链接必须的信息。（参见外包项目历史第一步操作）。

```
> git show grafts/master --pretty=oneline

> tag grafts/master
Predecessor: dcbddd5cd590de3d30e1ecca1882c9187e7eab95
259ee224ac1f2d73898ec2ed25ad4dccd3c40f70 C
diff --git a/foo.txt b/foo.txt
..
```

可以看到两个提交的散列值，第一个 **dcbddd** 指向了正确的历史前序提交 **B**，第二个 **259ee** 指向当前版本库最新的提交 **C**。

在 **grafts** 文件中散列值应该是倒序。第一个是提交 **C′**，接下来空格，和前序提交 **B**。

```
> echo 259ee224ac1f2d73898ec2ed25ad4dccd3c40f70 \
    dcbddd5cd590de3d30e1ecca1882c9187e7eab95 \
    >.git/info/grafts
```

为了验证以上操作效果，可以用 **log** 命令，查看输出的记录将包括提交 **A** 和提交 **B**。

```
> git log --pretty=oneline

da8ba94d6bd9ec293f22a558756a91927f8b3525 D
259ee224ac1f2d73898ec2ed25ad4dccd3c40f70 C
dcbddd5cd590de3d30e1ecca1882c9187e7eab95 B
577b8e2cf613c43ed969453477fadc189482c1fb A
```

至此，所有的历史信息都可以在当前开发版本库使用。

22.5 何不换一种做法

为什么不获取档案版本库（而是采用链接）

本章工作流步骤描述了使用 **objects/info/alternates** 文件来配置链接到版本提交。另外一种解决方案是通过 **fetch** 命令来获取导入这些版本提交，然后同样可以通过 **grafts** 文件配置创建提交之间的父子关系。

尽管如此，本章工作流更适用于较少的频率临时性的使用历史信息，在这种情况下，使用 **alternates** 文件来配置更有效率，因为本方案不会增加提交数，扩大当前版本库。

第 23 章
与其他版本控制系统并行使用

在许多企业和组织中，会统一管理版本控制工具和相关的流程。其中的个人和小团队无法选择使用一个与众不同的版本控制工具，比如 Git。企业级别的迁移到 Git 会需要可行性研究、战略决策、迁移细化等。需要很多时间。

无论如何，都可以在本地开发环境使用 Git 技术，再同步开发结果到中央版本库。

本地使用 Git 有这些优势如下所示。

- 即使技术无法通信到中央版本库，也可以本地提交。

- 可以细粒度地划分版本，即使开发中的中间产品。版本管理成为开发过程中的安全保障。

- 可以专为产品原型和新功能开发工作——分配对应的本地分支。

- Git 更好的支持合并和变基操作。

本章的工作流演示了一个本地 Git 版本库如何和远程中央版本控制服务器一起工作。以实现：

- 中央版本中的新变化可以被导入本地 Git 版本库；

- 本地提交的修改可以被传输到中央版本库中。

如果目的是互通互联 Subversion 管理的中央版本库，那么 **git-svn** 命令就可，不需要本章所述的操作过程。

23.1 概述

为了描述 Git 如何和一个中央版本控制一起工作，以 CVS 版本控制系统为例。同样的操作步骤可以适用于解决与其他版本控制系统合作。

图 23.1 显示了一个 CVS 服务器和一个开发者本地版本库。

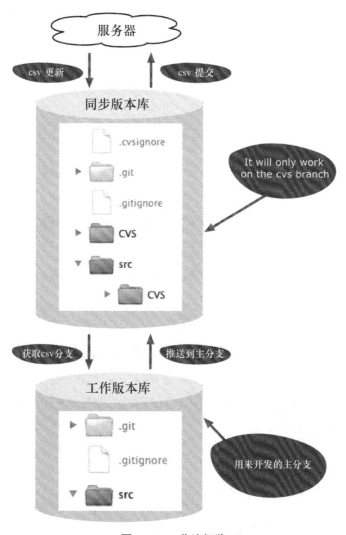

图 23.1 工作流概览

开发者有两个本地 Git 版本库。一个是用来同步中央版本，称为同步版本库。另一个称为工作版本库，用来真正执行开发工作。

同步版本库链接到中央版本库（CVS 目录），并包含 Git 对象（在.git 目录）。中央版本同步配置在.cvsignore 文件中，可以配置忽略 Git 光管对象。Git 配置通过 **gitignore** 文件，可以忽略 CVS 元数据信息。

首先，在中央版本中的修改会被记录到同步版本库（**cvs update** 命令），然后在 **cvs** 分支创建

一次提交，再在从工作版本库取得同步版本库中的修改（**fetch** 命令），最后合并（**merge** 命令）

将本地主分支上的修改同步到中央版本的方法是。将开发版本库上的新提交转移到同步版本库（**push** 命令）。在同步版本库，将主分支上与 **cvs** 分支合并，最后将修改保存至中央版本控制服务器（**cvs commit** 命令）。

23.2　使用要求

- **支持乐观锁**：中央版本管理系统必须支持乐观锁，例如，文件可以被在不取得锁的情况下修改。

- **支持忽略文件和文件目录**：中央版本管理比较可以排除部分文件和文件目录到管理范围之外。

- **项目目录的灵活性**：开发工具（例如，创建编译工具）必须要不要求项目储存在文件系统固定的一个位置。

23.3　工作流简述："与其他版本控制系统并行使用"

企业和组织可以使用中央版本控制系统，以此同时个人开发者可以在本地使用 Git，并将修改与中央版本控制之间同步。

23.4　执行过程及其实现

需要先回答关于该中央本版控制服务的这些问题。

- 如何从版本控制器中获得初始代码？　- **cvs checkout** 命令

- 版本控制系统中元数据是如何在何处存储的？- **CVS** 文件目录

- 如何在版本管理中忽略某些文件？　- **.cvsignore** 文件

- 如何在中央版本管理中得到最新的修改？- **cvs update** 命令

- 如何在中央版本管理中增加新文件？　- **cvs add** 命令

- 如何将修改提交到中央版本中？　– **cvs commit**

23.4.1　初始部署版本库

接下来这些步骤颜色了如何初始化创建同步版本库和工作版本库。开始时已有通过 **cvs checkout**.命令来创建的本地 CVS 项目(**cvsproject**)。

第 1 步：创建同步版本库

首先，在 CVS 文件目录创建一个新的 Git 版本库。

```
> cd cvsproject
```

```
> git init
```

第 2 步：配置.gitignore 文件

所有的文件，除了 CVS 的元数据文件，都应该导入同步版本库中。因此 **CVC** 文件目录应该被列入 git 配置文件.**gitignore** 中。

```
> echo CVS/ > .gitignore
```

echo 操作创建了一个新的.**gitignore** 文件，包括 **CVS** 目录中的内容。

第 3 步：配置.cvsignore 文件

Git 版本库的管理元数据也不应该被中央版本控制管理，所以应该配置.**git** 目录和.**gitignore** 文件在 cvs 管理的范围之外。在 **CVS** 中，将它们加到.**cvsignore** 文件就可以实现这一目的。

```
> echo .git >> .cvsignore
```

```
> echo .gitignore >> .cvsignore
```

如果.**cvsignore** 文件不存在，将会自动创建一个，新创建的文件必须通过 **cvs add** 命令添加到中央版本管理中。

```
> cvs add .cvsignore
```

之后，可以通过 **cvs commit** 命令将修改提交到 CVS 服务器中。

```
> cvs commit
```

第 4 步：在同步版本库中增加文件

现在所有的准备工作完成，可以将项目文件加入 Git 同步版本库中。

```
> git add.
```

注意！版本控制系统（包括 Git）都有改编文本文件行末尾(LF 或 CRLF)的习惯。如果合作的其他版本控制系统和 Git 有不一样的处理行末尾方式，那可以在 git 中停止对文件末尾的处理，命令是 **git config core.autocrlf false**。

某些中央版本控制系统，包括 Subversion，会使用一个全局的校对版本号。在这种情况下，将这个校对版本号加入到 Git 提交的注释中将有所帮助。这个校对版本号可以用来较为容易地记录跟踪，可以由此推断哪些步骤已被导入。不幸 CVS 系统没有这样的校对版本号。

```
> git commit -m "Initial import of CVS"
```

第 5 步：在同步版本库中创建一个 cvs 分支
同步版本库的工作将在一个独立的分支 **cvs** 上展开。至此，这个分支还没有创建和激活。

```
> git checkout -b cvs
```

第 6 步：创建工作版本库
工作版本库将以同步版本库的克隆形式被创建。当创建克隆时，主分支会被自动设置为活动分支。

```
> cd ..
```

```
> git clone cvsproject gitproject
```

至此，准备工作完成。

23.4.2　得到中央版本控制管理中的更新修改

这一章节将描述如何将中央版本控制中的新修改传输到同步版本库，再传输到工作版本库。

第 1 步：将修改过的文件传输到同步版本库。
同步版本库的工作区包括与中央版本对比的必要元数据信息。因此必须通过这个工作区来向 CVS 服务器获取更新。

```
> cd cvsproject
```

```
> cvs update
```

在此 **cvs update** 命令永不会造成 CVS 冲突。同步版本库的 CVS 分支始终是一个"干净"的旧版中央版本。之后，通过 CVS 分支在同步版本库上做的修改可以通过 add 命令添加再提交到 Git 中。

```
> git add --all .
```

这里的参数**--all** 指明添加新的修改过的文件到提交中，同时将删除文件操作也添加到提交中。

```
> git commit -m "Changes from CVS"
```

第 2 步：提交修改到工作版本库。

目前为止，CVS 端发生的修改只存在于同步版本库。因为工作版本库是同步版本库的克隆，其源版本库自动指向同步版本库。通过 **fetch** 命令，工作版本库可以提取 CVSs 上的修改。

```
> cd gitproject
```

```
> git fetch origin
```

第 3 步：将修改应用到主分支。

在这个阶段，修改只**在 cvs** 分支上，还没有应用于主分支。这一步需要用到 **merge** 命令。因此可能会遇到冲突，当同一个文件在本地开发和 CVS 同时被修改是。常用 Git 工具可以用来清理解决冲突（见图 23.2）。

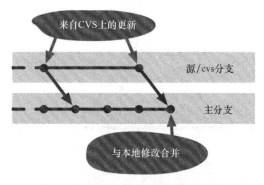

图 23.2　复制 CVS 的修改到主分支

```
> git merge origin/cvs
```

经过这一步操作。当前中央版本控制中的最新版本已经与本地修改合并，在工作版本库中生效。

23.4.3　将修改提交传输到中央本版控制系统

这一节将阐述如何将本地工作版本库的修改通过同步版本库传输到中央版本控制系统中。

第 1 步：获得中央版本控制中最新的版本

在本地修改传输到中央版本控制系统之前，首先要先得到中央的最新版本。要做到这一点只需要依次按上一章节所述步骤操作即可。

通过升级到最近，可以尽可能减小提交修改到中央版本控制时遇到冲突的可能性。另外可以再次测试修改在最新的版本上是否功能完好。

第 2 步：主分支上的修改传输到同步版本库[1]

在主分支上的本地修改必须先传输到同步版本库，因为同步版本库是克隆"源"，所以一个简单的 **push** 命令即可完成这一目的。

```
> cd gitproject

> git push
```

第 3 步：在 cvs 分支上接受修改

新的提交和修改的文件到了同步版本库的主分支。要把他们传输到中央版本控制系统中需要把这些修改合并到 **cvs** 分支。这不会引起冲突，因为 **cvs** 分支上没有任何修改（见图 23.3）。

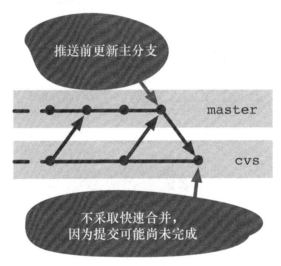

图 23.3　在 cvs 分支准备 CVS 提交

```
> cd cvsproject

> git merge --no-commit --no-ff master
```

merge 命令中用到的参数有如下两种。

● **--no-commit**：因为存在可能与 cvs 上的后续修改冲突，这里尝试合并命令不包含最终提交。

---

[1] 译者注：英文版没有这一小标题，只有一三四五六。

● **--no-ff**：这一参数指定 Git 不采取快速合并。

第 4 步：将修改传输到中央版本控制系统

现在本地修改可以开始向中央版本控制系统传输了。根据是否有新增、删除、修改文件，采取不同的提交命令。例如 **cvs commit** 命令用于仅包含修改文件时：

```
> cvs commit
```

如果在 cvs 提交时遇到冲突，意味着自从上次本地获取 cvs 最新更新后中央版本又有新的修改，这个时候需要重置当前合并尝试。

```
> git reset --hard HEAD
```

然后再次从第一步做起获取中央版本控制系统中最新的更新，与主分支上的修改合并。

直到不再遇到冲突，完成了将本地修改传输到中央版本中，再进行下一步操作。

第 5 步：从中央版本中获得更新

有些版本控制系统会在提交的过程中或提交之后的第一个更新对文件有所修改。例如，可以通过 CVS 系统得到当前版本号或者在文件头（替换关键字）得到文件修改历史。因此，再次证明成功提交之后，有必要再从中央版本取得一次更新。

```
> cvs update
```

第 6 步：在 cvs 分支执行提交操作。

这时候应该将 CVS 上的更新提交并合并到 Git 系统中。在此之前，先将 CVS 行的更新用 **add** 命令添加到提交中。

```
> git add .
```

```
> git commit -m "Changes from Git recorded"
```

第 7 步：更新工作版本库的主分支

通过上述步骤，现在同步版本库 cvs 分支有了一个新的提交。为了后续工作，需要将更新传输到工作版本库，再将 cvs 分支合并到主分支。

```
> cd gitproject
```

```
> git fetch origin
```

接下来做一个合并，这应该是一个快速合并，因为主分支上不应该再有临时更新（上述步骤已将主分支全部更新同步到了 cvs 分支）。

```
> git merge origin/cvs
```

经过这些步骤，已经将本地的修改更新到了中央版本控制系统中，并且本地工作版本库版本包含了中央版本当前最新版。如图 23.4 所示，所有的提交和分支操作流程。

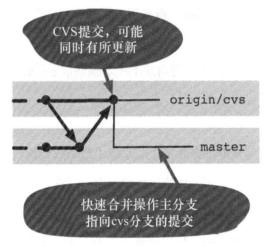

图 23.4　提交和传输后的分支

23.5　何不换一种做法

为什么不选择一个 Git 版本库

这样一套流程在只有一个 Git 版本库时也可以实现。例如开发工作可以在同步版本库中完成。那么只需根据正在只需同步工作还是开发工作在 **cvs** 分支和主分支之间切换即可。但是，这样会显得很难跟踪记录在何时何地采取如何操作。

会经常发生命令执行错分支的情况，尤其是执行同步操作时候。

另外一个问题就是容易使中央版本库的元数据在开发过程中被不慎删除，例如在重构项目时不慎删除 CVS 文件目录。

第 24 章
迁移到 Git

成功由任何版本管理系统迁移到 Git 中，不仅仅是迁移其软件版本到 Git 版本库。本章工作流展示了如何迁移一个项目，值得你注意的是以下几个方面。

- 应了解项目结构并且知道如何迁移。

- 迁移策略应该由你决定。

- 迁移哪些内容到 Git 版本库。

- 正式迁移的截止日期。

- 在旧的版本控制系统中创建 Git 版本库时暂缓无关的修改。

24.1 概述

迁移整个流程分为若干步骤，如果多个项目需要相继迁移，那其中部分步骤可以省略。

1. 学习 Git，了解相关知识。

2. 做出迁移决定。

3. 找到分支。

4. 准备版本库。

5. 获取分支。

6. 以尝试的态度使用版本库。

7. 清理。

24.2　使用要求

对于从其他版本控制系统中迁移来的项目，我们作出这样两种假设。

- **权限**：你应该有工作区文件和文件目录自由的读写权限，尤其是文件不可被设为只读。原版本管理系统配置文件可以接受只读。

- **原版本系统可设置忽略文件目录**：Git 版本库时创建在其他版本控制系统的工作区中。必须防止原版本控制系统误删了 .git 目录及其文件。

注意！与之前章节的工作流不同，这一系列操作强烈依赖于外部因素：原版本控制使用什么系统？项目如何被组织？分支如何被使用？你的实际实现情况可能和这里描述的不同。所以需要准备一些时间将本章工作流做适合你需求的调整。

24.3　工作流简述："迁移到 Git"

一个项目从其他版本控制系统迁移到 Git 中。所有需要后续在 Git 版本库中进行开发工作的软件版本都应该迁移到 Git 中。之后还可以创建新的版本库。如果需要，原版本控制系统中要暂时停止源源不断的新修改提交。

24.4　执行过程及其实现

24.4.1　学习和练习使用 Git

Git 并不难学，基础的概念都条理清晰（这一点相信本书已经说服你了）。对于使用了一段时间其他版本控制系统的开发者在个别方面需要适应 Git，比如和远程版本库工作和处理不同的分支。因此我们建议一到两名工程师在迁移过程为全项目组成员做好 Git 技术支持和培训工作。

第 1 步：尝试使用 Git

从一个不重要的小型示例项目开始。最好选择一些尚未在原版本控制系统中开发的模块，比如你如果想开发一个公共类，或者尝试一个新的 Java 库，或者开发一些系统管理的 shell 脚本。

从 Git 命令行开始尝试，即使以后你会使用 Git 的前端或者插件。先了解一个未经过过滤的 Git，即使前端工具会让使用更方便，但是容易掩盖 Git 中真正发生了什么。涉及迁移的问题需要了解每一场景背后发生的事。尝试一些基本命令，例如 **add**、**commit**、**push**、**pull** 和 **log**。

接下来要审视一些分支，因为这是大部分迁移开头难的原因。分别尝试一下"在同一分支开发"和"每个功能在一个独立的分子开发"两种工作流模式。制造一些冲突场景来练习合并解决冲突。

此后，可以尝试一些使用 Git 前端，这是一个很好的选择。尝试不同的参数来适应你的开发环境和目标平台，尤其注意是否很好的支持解决冲突。在这一点上，不同平台很不一样。

最为组内的 Git 技术指导，你还需要掌握以下几点。

- 你应该记录足够经验来指导你的同事执行常规的 Git 操作，包括添加文件 **add**、提交修改 **commit**、查看状态 **status**、比较 **diff**、查看日志 **log**、推送修改 **push** 和取回修改 **pull**。

- 你要注意一下这几个命令，因为他们的操作和对应的传统版本管理系统中相应的命令十分不同：切换分支 **branch**、检出 **checkout**、重置 **reset**、合并 **merge** 和变基 **rebase**。

- 你应该熟悉两种分支策略，"在同一分支开发"和"每个功能在一个独立的分子开发"中的至少一种。

- 你应该创建 Git，或者在开发机上部署一个 Git 前端。

- 你应该熟悉解决合并冲突（可能是借助于 Git 前端）

第 2 步（可选）：同时在 Git 和其他版本控制系统中工作

你可以在 Git 和其他版本控制系统中同时工作一段时间，就是本地使用 Git 进行开发工作，整个项目还被中央版本控制系统管理着，可以参考第 23 章。

24.4.2 做出迁移的决定

早期需要做出一些重要的决定。

第 1 步：是否一次迁移整个项目

这段工作流描述了如果迁移一个项目。如果你有多个项目，可以反复执行这段操作。但是也可以同时迁移所有的项目。相对迁移一个项目，有优势也有劣势。

优势

- 可以更早的大规模使用 Git。

- 可以更早利用 Git 的优势。

- 迁移后只需要技术支持一种版本控制系统。

劣势

- 搞清楚如何迁移将变的困难。迁移开始的两三个星期会有很多问题。如果涉及到许多开发者，而只有一名 Git 技术指导可能会影响整个迁移计划的成功。

- 迁移中的问题可能会引发大事，同时影响多个项目。

- 如果迁移初期一些操作，后期发现有误，也会需要在多个项目中更正。

我们的建议是：如果你不确定，建议你先从迁移一个项目开始来搞清楚迁移如何进行。

第 2 步：哪些项目需要被迁移
根据你的实际情况决定。

第 3 步：现有的项目结构是否可用
你的项目现在是如何组织的呢？

- 所有项目都在同一个版本库吗？还是多个版本库？

- 所有的项目都有共同的发布周期吗？它们是同一个产品的不同模块吗？

- 会有涉及多个项目的公共更新修改吗？

- 项目之间是松耦合还是紧耦合？

不幸的是我们无法给出结论什么样的 Git 版本库结构组成是理想中最适合你的项目。只能陈述一下经验法则。

- 如果你在使用 Git 之间将所有的项目都放在同一个版本库中，我们建议你在 Git 中继续这样做。

- 如果所有的项目有共同的发布周期，我们建议你在 Git 中有一个公共的版本库，因此可以援引"执行发布"工作流步骤来执行多项目发布。

- 如果经常有涉及多项目的修改也是选择共同版本库的一项理由。

- 如果项目之间是松耦合的，也许可以选择分离多个独立版本库的方案。

- Git 不适合用于管理二进制文件或者那些大型资源文件和易更改的资源文件。如果你决定要使用 Git 来管理这些文件，它们最好处于一个独立的版本库中，这样正常的源代码版本库性能可以不受影响。

我们的建议是：如果有所迟疑，那就从和原版本控制系统中相同的机构开始。后续可以通过"合并小项目"和"拆分版本库"工作流中步骤来调整 Git 结构。

第 4 步：是否可以接受项目移植到 Git 过程中开发工作中断

如果可以接受中断，那移植流程会简单一些。将新的 Git 版本库建好，再终止旧的版本库，开发者自此开始在新的版本库上执行开发和发布工作。

但是，如果实际情况项目需要 24/7 不间断运作，可能需要在原版本控制系统中继续执行热修复布丁工作,直到新的 Git 版本库可以上线发布产品为止。在这种情景下，就必须处理如何在移植过程中监测旧版本库中持续的提交修改了。

第 5 步：使用什么样的策略来管理分支

"所有的开发工作在同一分支"和"开发在不同的功能分支"需要二选其一。应在移植开始之前做出决定，并依此给出开发者应遵守的工作流程，保证生产效率。

我们的建议是：如果你不确定，从"所有的开发工作在同一分支"开始，因为这样与其他经典版本控制系统类似。

第 6 步：采取什么样的前端

最后你在开始移植前决定让开发者使用哪种的 Git 软件。

24.4.3 找到分支

接下来，你需要找出哪些在旧版本系统中发布的软件将在 Git 中作为一个分支来执行开发工作。

● 开发的主线，在其他版本控制系统中也被称为"主线或者主干"，需要被安全完整的获取到 Git 中。

● 其他版本，比如 bug 修正或者必须被应用的扩展，应该在 Git 中被取为一个分支。如果你要开发一个安装在用户端的产品，则必须有两个分支，一个是当前发行版，热修补在在这个分支上执行；另一个是为下一次发现而准备的新功能开发分支。

● 如果在原项目版本系统中按功能进行分支，在 Git 中也可以继续这样做，或者可在原项目版本系统中结束关停功能分支。当然后者可以使迁移更容易一些。

在许多版本控制系统中，都有所谓的浮动标签（如 **RELEASE3**），也可以随着热修补移动，这样的标签也是 Git 发布分支所需要管理的。

因为越少的必要分支会使得迁移工作越简单，所以应考虑到迁移工作需要只选取真正需要的分支。也许有时只选取旧的版本控制系统中的一部分分支即可。

接下来，为所有选取的分支绘制一份分支关系图。最简单的情况下就是一个序列，最古老的版本在底部，最新的在顶端。

24.4.4　准备版本库

接下来，创建一个版本库，这样你可以认真仔细地创建并测试他。在正式迁移之前这通常需要几天（几星期）。但同时旧的版本控制系统中也会有新的修改提交，因此应该监测这些修改。

为了达到这个目的，可以在 Git 中建立两个分支，一个用来代表 Git 中的开发，另一个用来管理在旧版本系统中的开发，后者被称为遗产分支。在 Git 中没有开发工作在遗产分支展开，只用来获取旧版本系统中的版本，随后再将这些修改合并到主开发分支。

如果遗产分支的概念会使人想起远程跟踪分支，它们有共同的规律，都是用来在本地版本库中代表其他版本库中的操作。

这本示例中我们采取这样的命名规则，对于原版本管理系统中的分支和标签使用大写字母如 **RELEASE3**。对于 Git 中的我们使用小写字母，并将开发分支称为 **release3**，而其对应的遗产分支称为 **legacy-release3**。

第 1 步：在原版本控制系统中获取项目

从原版本控制系统中获得一个包括项目文件的工作区。在其他版本控制系统中这一操作通常被称为检出（checkout）。

第 2 步：创建 Git 版本库

在这个从原版本系统中得到的工作区中创建一个 Git 版本库。效果是这个工作区同时于两种版本管理系统相连。我们称之为双版本控制工作区（dual-use workspace）。

```
> cd old-vcs-workspace

> git init
```

第 3 步：创建本地备份

当同时在两种版本管理系统中工作时，很容易失误将文件清空或覆盖。因此创建备份很重要。

```
> git clone --no-hardlinks --bare . /backups/myproject.git
> git remote add backup /backups/myproject.git
```

接下来应该经常备份。

```
> git push --all backup
```

恢复备份只需要克隆版本库到一个临时文件目录，在切换到需要的分支，将.git 文件目录下的文件复制到被原版本控制系统同时管理的工作区即可。

第4步：允许忽略元文件

第一步，确保两个版本控制系统不会互相伤害对方的工作区。

原版本控制系统的元文件不应该被加入到 Git 版本库管理中。为此，需要创建一个**.gitignore** 文件，并输入需要忽略管理的文件路径或者文件规则。查看状态 **status** 命令将不会再显示那些原版本管理的元文件。

```
> git commit .gitignore -m "ignore legacy metafiles"
```

相应地，原版本控制系统也应设置成为忽略管理并保持**.git** 文件目录和**.gitignore** 文件不变。例如在 CVS 系统中，可以在用户目录下设置**.cvsignore** 文件来达到这一目的。

24.4.5　获取分支

为了得到原版本管理系统中的标签和分支，需要一系列的步骤，可以从最老的分支或者标签开始。

第1步：如果必要，切换到之前的分支

对于第一个分支，可跳过此步，因为没有更前序的分支了。

如图 24.1 所示，可以看到这个分支有前序分支，那么如果要迁移分支 **RELEASE3** 就需要切换到他的前序，比如到 **RELEASE2** 的遗产分支。

```
> git checkout legacy-release2
```

第2步：创建遗产分支

为这个版本创建一个遗产分支，如为刚刚创建分支的 **RELEASE3** 创建一个遗产分支。

```
> git branch legacy-release3
```

第3步：从原版本控制系统中获取版本

现在切换到原版本控制系统中待获取的分支，如 **RELEASE3**。

```
> git status
```

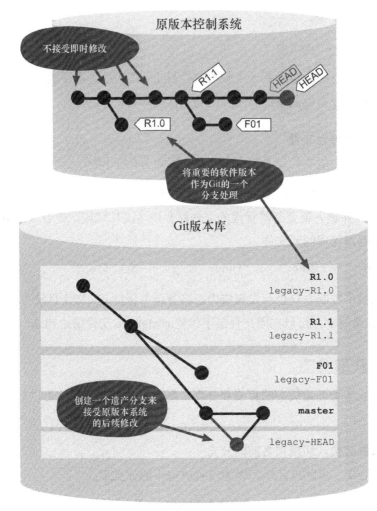

图 24.1　工作流概览

查看状态命令 **status** 可以显示与 **RELEASE2** 相比 **RELEASE3** 上有哪些修改变化。你应该视察考虑这些变化是否基本合理。如果合理，在新的遗产分支上接受这些变化。

```
> git add --all
> git commit -m "RELEASE3 retrieved from legacy-cvs"
```

第 4 步：设置开发过程中生成的中间文件不被版本管理

当前版本已经经过创建和测试，这可能会产生一些未被版本库跟踪的文件，应该编辑**.gitignore** 文件来忽略它们。

```
> git commit .gitignore -m "ignore build artifacts"
```

第 5 步：创建 Git 开发分支

现在，在 Git 中为后续开发工作创建一个分支。

```
> git branch release3
```

第 6 步：检查结果

你应当再次检查结果。保证版本控制系统的文件没有被破坏，可以通过与工作区外的临时目录对比来确定。操作命令 **archive** 可以达到这一目的。这一命令将输出所有提交的文件到一个压缩文件中。Git 中当前版本的分支，本示例中是指 **release3**，会被写入一个临时的文件目录 **git-vcs**。

```
> git archive release3 | tar -x -C /tmp/git-vcs
```

接下来输出就版本控制系统管理下的版本，例如到临时目录**/tmp/legacy-vcs**. 再使用 **kdiff3**。除**.gitignore** 文件外，应该没有区别。

```
> kdiff3 /tmp/git-vcs/ /tmp/legacy-vcs
```

24.4.6　以怀疑的态度使用接受这个版本库

我们的目标是做一次尽可能无冲突的迁移。

第 1 步：宣布

这时候应当对外宣布迁移。这个通知应该包括以下信息：

- **介绍**：召集一个会议，邀请所有人参加并演示 Git 日常用法。

- **开发环境的安装**：简明地介绍如何安装开发环境（Git 及其 IDE 的插件应该如何安装和配置），如何克隆一个项目。

- **冰冻时间**：鼓励所有的开发者将他们在原版本控制系统下做出的本地修改在某个日期前全部提交，那个时刻之后迁移者再将这些修改重新迁移到新版本库中。

- **解冻时间**：何时可以在新的 Git 版本库中恢复提交工作。

- **应急方案**：在迁移过程中，紧急修补依然可以在旧版本系统中发布。修改必须在 Git 中及时跟进，必须强调这样做的必要性。否则已经修补的 bug 会在 Git 发布后没有得到修补再次重现。

第 2 步：介绍

现在介绍一下如何在 Git 中工作。日常工作开发工作只需要几个命令。可以参考例如本书中提到的"在同一分支工作"工作流中的步骤。为了证明可以只在新的版本库一个克隆上工作，可以演示在最心爱的内容上恣意实验，最后只有放弃这一克隆即可。

第 3 步：获取最新的修改

冰冻时间到达之后，需要迁移原版本系统中自 Git 创建以来这段时间的修改。这可以通过上文中创建的双版本控制工作区来实现，首先切换到 Git 中的遗产分支。

```
> git checkout legacy-release3
```

然后在旧版本控制系统在恰当的分支或者恰当的标签如 **RELEASE3** 中检查是否有新的修改。

```
> git status
```

如果有修改，遗产分支已经包含了应有的文件。将它们添加并提交到 Git 中。

```
> git add -all
```

```
> git commit -m "updating legacy-release3 from old vcs"
```

之后，在开发分支中获取合并这些修改以供后续在 Git 中开发工作使用。

```
> git checkout
```

```
> git merge legacy-release3
```

如果 Git 中尚未执行任何开发工作，那合并操作应该不遇到冲突。

这种方式下，需要在意是否已经在 Git 中执行开发工作，或者是否有开发者在冰冻时间后做出提交，或者冰冻时间后又有紧急修补在旧版本控制系统中发生。在这些情况下，可能有合并冲突需要手动解决。

第 4 步：发布版本库

当所有的分支都被 Git 管理，可以将版本库放在服务器端。然后创建一个大家容易知道的 URL，让开发者由此克隆，并进行开发（解冻时间）。

第 5 步：创建产品或者执行一次发布

现在就可以尝试创建现有版本，来保证离开旧版本控制系统可以正常发布。

第 6 步：将原版本控制系统中版本设为只读

当可以在新版本库中执行发布（创建整个产品）时候，就可以将旧版本库设为只读。可以作为档案历史以供查阅。

第 7 步：为开发者提供技术支持

不要忘了预留时间在初期的几周里为开发者提供技术支持。典型的情况包括，解决合并冲突、执行本地编辑使用重置 **reset** 命令或者互动式的变基。

24.4.7 清理工作

不再需要连接到旧版本系统后，就可以删除遗产分支了。最容易的方式是克隆一个新的工作区，离开了双版本控制工作区就没有这些不再需要的原始连接了。

```
> git branch -d legacy-release3
```

```
> git push origin :legacy-release3
```

24.5 何不换一种做法

24.5.1 为什么不接收整个项目历史

在这段工作流中，只有继续开发的版本被迁移了，这样做的劣势是不能在 Git 中看到更早的软件版本了。历史版本留在了原版本控制系统中。

有许多工具可以用来获取历史（从 Git 中，可以从其他独立项目中）。例如命令 **cvsimport** 可以传输 CVS 版本库中的内容到 Git 版本库中。但即使如此，CSV 版本库的结构与 Git 不同，这种对应转换虽然不是完全无意义，但是其效果参差，取决于在 CVS 中的使用习惯。任何情况下，都应该在继续工作之前检查其转换输出结果，可能需要重操作以作调整。

也正因为如此，本章没有演示这种实现方案。另外也因为希望展示一种在各种原版本控制系统都适用的解决方案。

24.5.2 是否可以没有遗产分支

在这段工作流中，遗产分支最初被创建用来反映现在分支的状态和原版本控制系统中的标签。在工作流的最后删除了遗产分支。他们的目的只有一个，就是从原版本控制系统中不断地取回新修改。如果可以停下来几天开发进度（比如全组员工参加一个培训或者工作在其他项目上）就可以没有遗产分支操作，简化工作流。

24.5.3　没有双版本控制工作区可以吗

在双版本控制工作区中可以在 Git 和其他版本控制系统同时工作，可以促进两者间版本交换。在其他版本控制系统中得到需要的版本，可以提交到 Git 中。

但是，这样的双版本控制工作区不是在任何版本控制系统中都能实现的。如果不能实现，则需要两个独立的工作区。需要两个工作区来回做修改，可能可以借助于 shell 脚本或者 rsync 命令。所以不使用双版本控制工作区也可以，只是会是迁移工作更加复杂。

第 25 章
还有一些其他任务

在这本书中，我们将所讨论的 Git 概念和命令限制在了典型企业项目的使用领域。现在，我们打算在接下来本章中带你概览一下 Git 在其他场合中的应用。当然，我们不会对其中所涉及的命令进行详细介绍，这里只是让你了解一下相关的概念。

25.1 交互式变基操作——完善历史记录

我们在这本书中已经多次涉及到了变基操作。它的主要作用是重新启用之前提交中的修改以产生新的提交。例如当我们想要移植某一分支时，就需要执行变基操作。

如果我们在提交历史中放置了大量的重点信息，就可能需要通过变基来对其中的提交进行汇总（用 **squash** 命令）、分割（用 **edit** 命令）或是重新排序。为此，我们需要用 **--interactive** 参数来调用 **rebase** 命令。并用被修改的历史提交来充当第二参数。例如我们想要修改之前的 3 次提交，该命令就具体如下：

```
> git rebase --interactive HEAD~3
```

结果这 3 次提交就会在一个文本编辑器中显示出来：

```
pick 927d33a commit 3
pick 7d343d0 commit 4
pick fbe58cb commit 5
# Rebase 940d0db..fbe58cb onto 940d0db
#
# Commands:
# p, pick = use commit
# r, reword = use commit, but edit the commit message
# e, edit = use commit, but stop for amending
# s, squash = use commit, but meld into previous commit
# f, fixup = like "squash", but discard this commit's log message
```

```
# x, exec = run command (the rest of the line) using shell
#
# If you remove a line here THAT COMMIT WILL BE LOST.
# However, if you remove everything, the rebase will be aborted.
#
```

在该文本文件中，这些提交可以根据上面所列出的命令进行重新排列或修改。Git 会在关闭编辑器后根据这些命令来处理相关的提交。

请注意！千万不要在执行 **push** 命令之后修改提交历史。因为这样的话，团队中的其他成员可能已经基于"旧"的提交展开工作了。

25.2 补丁处理

尤其在 Unix 世界中，程序的修改往往通过一个补丁文件来传送的。在纯 Git 环境中，我们在工作时很少需要直接用到补丁。程序的修改可以通过提交的替换来完成。如果只能有必要使用到补丁，Git 也对补丁的创建和安装提供了相应的支持。

我们可以用 **diff** 命令来创建补丁。

```
> git diff rel-1.0.0 HEAD >local.patch
```

如果我们还想本地的修改传递给其他版本库，可以用 **apply** 命令。

```
> git apply local.patch

> git commit -m "applied patch"
```

25.3 用 E-mail 发送补丁

Git 也可以通过 **patch-mail** 来发送提交，并将这些提交导入到另一个版本库中。这是 **push** 和 **pull** 命令的一个替代方案。在该命令的作用下，源提交的信息（如作者、日期等）将会被保留。但其散列值就不行了。

我们可以通过 **format-patch** 命令为指定范围内的各提交上创建一个独立的、mbox 格式的补丁文件。其中，mbox 格式是一种 E-mail 文本文件的格式。

```
> git format-patch rel-1.0.0..HEAD

0001-a7.patch
0002-a8.patch
```

```
0003-a9.patch
0004-a9.patch
```

现在，我们可以自行发送这些补丁文件，也可以使用 Git 的 **sendemail** 命令来发送。

```
> git send-email --to "mailto:rp@etosquare.de"
```

收件人可以用 **am** 命令将邮件导入到版本库中。在这里，你可以逐一挑选补丁，也可以使用通配符指定所有补丁。

```
> git am 0*.patch
```

25.4 打包操作——离线模式下的推送操作

之前两节我们讨论的是如何在版本库之间传递补丁。如果要传递的是提交，我们一般会使用 **push** 或 **pull** 命令。但如果两个版本库所在的计算机之间没有直接的连接，我们可以创建一个包裹。用一个包裹来打包我们原本打算用 **fetch** 或 **pull** 命令所传送的内容。

打包操作的第一步，我们要用 **bundle create** 命令创建一个包裹，该包裹将会包含所有要传送的提交。

```
> git bundle create local.bundle rel-1.0.0..HEAD
```

该命令所生成的文件可通过 E-mail 或 USB 闪盘传递给另一台计算机。在那里，我们可以将包裹中的提交传递给另一个版本库，这些提交的散列值也将被保留。

```
> git pull local.bundle HEAD
```

25.5 创建归档

我们可以用 **archive** 命令将项目的内容导出，创建一个不带 Git 元数据（即不包含 **.git** 目录中的内容）。命令支持 tar 和 zip 格式。

```
> git archive HEAD --format=tar > archive.tar
```

```
> git archive HEAD --format=zip > archive.zip
```

```
> git archive HEAD --format=tar | gzip > archive.tar.gz
```

另外，我们也可以针对个别子目录来创建一个归档。

```
> git archive HEAD subdir --format=tar > archive.tar
```

我们还可以通过 **--remote** 参数为元成本包括创建归档。

25.6　Git 的图形化工具

在本书中，我们基本上是使用命令行来工作的。但其实 Git 中也自带了两个图形化工具。其中之一就是 Git GUI，我们可以用它来创建提交。你可以通过 **gui** 命令来打开它（见图 25.1）。

```
> git gui
```

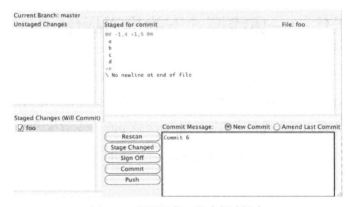

图 25.1　用图形化工具来创建提交

另一个图形化工具是 GITK，我们可以用 **gitk** 命令来打开它。我们可以用它来处理历史记录（见图 25.2）。

```
> git gitk -all
```

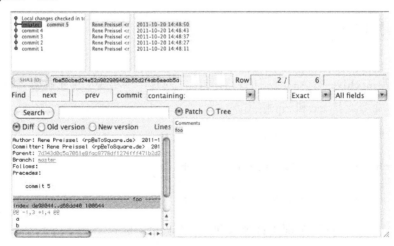

图 25.2　用图形化工具来查看历史记录

另外，我们也可以在 Web 浏览器中用一个基于 Web 的工具 GitWeb 来查看和搜索一个版本库（见图 25.3）。GitWeb 会显示版本库中所有的提交和分支。我们可以查看某一提交中的文件并审查其修改。而且在 GitWeb 中，我们还能对文件和提交进行搜索。

我们可以用 **instaweb** 命令来启动和停止 GitWeb。

```
> git instaweb start
```

```
> git instaweb stop
```

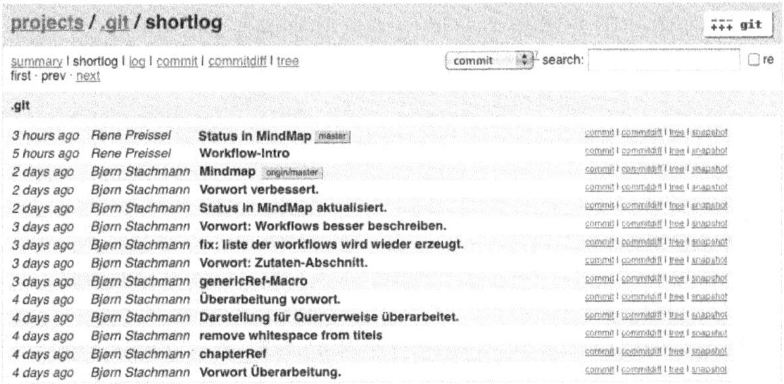

图 25.3 GitWeb

25.7 与 Subversion 的协作

Git 也允许我们克隆一个 Subversion 版本库（通过 **svn clone** 命令）。该版本库的整个历史都会被导入。而我们在 Git 版本库中可以照常创建本地提交。我们始终可以从 Subversion 版本库中得到的最新版本（通过 **svn rebase** 命令）。如果本地提交需要被导回 Subversion 版本库（通过 **svn dcommit** 命令），每次提交都会被创建成一个独立的 Subversion 修订单位。

```
> git svn clone http://localhost/projecta/trunk
```

```
> git svn rebase
```

```
> git svn dcommit
```

25.8 命令别名

反复输入带一长串参数列表的 Git 命令，是一件很繁琐的事情。别名可以最大限度地减少我们的打字量。在这里，我们既可以选择为整台计算机上所有的版本库配置全局别名，也可以只针对当前版本库设置别名。

例如，全局别名 **ci** 是 **commit** 的缩写，其定义如下：

```
> git config --global alias.ci commit
```

再例如，本地别名 **rema**，是对 **master** 分支执行变基操作的快捷方式，其定义如下。

```
> git config alias.rema 'rebase master'
```

然后，我们就可以像使用普通命令一样使用这些别名了。

```
> git ci
```

```
> git rema
```

25.9　标注提交

提交在 Git 中是不可更改的。尽管我们可以复制或修改一个提交对象，但这随后创建的是一次新的提交。如果我们想将一段注释添加到某一提交中，就应该在配置中有所标志。这种标注大多都是用开发工具来高亮这些提交。

我们可以用 **notes add** 命令在某一提交中创建一段新的注释。

```
> git notes add -m "My Comment" HEAD
```

稍后，我们可以 **notes show** 命令来显示这段注释。

```
> git notes show HEAD
```

请注意！这些标注并不会随着 **pull** 或 **push** 命令被自动传送给另一个版本库。不幸的是，**notes** 命令也没有单独的参数来归档这些内容。我们可以参照下面这两个命令实例来看看标注是如何传递的。

```
> git push origin refs/notes/*:refs/notes/*
```

```
> git fetch origin refs/notes/*:refs/notes/*
```

25.10　用钩子扩展 Git

我们可以创建一个钩子，以便在特定动作发生时触发某种特定的脚本。举例来说，我们可能希望在实际提交之前执行某种预先检查，例如检查某种特定的公约内容是否已被附在了提交注释中之类的（即 **commit-msg** 钩子）。

这些钩子样例被存储在各版本库的**.git/hooks** 目录中。

25.11　将版本库托管到 Github 上

Github（https://github.com）是一个为 Git 版本库提供托管服务的网络提供商，我们可以通过 SSH 和 HTTPS 来访问 Github 上的版本库。

在该网站上，创建公开的版本库是免费的。而对于私有版本库，我们就必须使用付费版本了。目前许多开源项目都将 Github 作为自己的研发中心。

特别值得一提的是，在 Github 中，pull 工作流得到了很好地支持。我们可以直接在 Github 站内克隆 Github 中现有的版本库，这种服务端的克隆操作我们称之为"分叉（fork）"。我们可以照常在自己分叉来的库上进行操作。我们也可以再创建一个本地克隆库，并通过 **push** 命令将修改写回到这个分叉库中。如果我们希望将自己提交中的修改传回源版本库，可以向该库在 Github 上的所有者发送一个 pull 请求。然后就可以对其进行拉取，并用 **pull** 命令将修改合并。

第 26 章
Git 的缺点

我们已经在之前的章节中详细介绍了 Git 的有点，以及如何用它来进行高效的版本控制。在本章中，我们来交代一下那些不太适用 Git 的问题领域。

26.1　高复杂度

目前，使用集中式版本控制来处理问题是每个开发者的标准知识。但这些知识往往只局限于一些基本功能，例如获取新版本、上传修改等。对分支和版本库的管理往往是交由拥有专业知识的管理员来负责。

但在 Git 中，分支是每次执行提交，拉取和推送操作时必须要理解的基本概念。而且，每个开发者都要管理自己所拥有的版本库。团队中的每一个成员也必须要能处理远程版本库，并且进行版本库之间的信息交换。

另外，与集中式的版本控制系统相比，Git 除了提交这个自然的流程以外，还额外多了个推送步骤。虽然在集中式的版本控制系统中，提交操作已足以显现出被修改的部分了，但在 Git 中，该提交还必须得通过 **push** 命令被传送给中央版本库才行。

这些都缘自于分布式版本控制的复杂性，我们在其他分布式工具中也会发现类似的问题（例如 Mercurial[①]）。十之八九，这些在不久的将来都会成为软件开发者必备的标准知识。

除此之外，Git 也会带来一些怪癖。由于 Git 原本是 Linux 内核开发环境中的一个工具。而在 Linux 中，我们处理问题时就必然会用到大量的命令行。Git 很强大，拥有为数甚多的命令和参数。如果我们去看一下 Git 命令的帮助页面，可能会有一种无所适从的感觉。当然，帮助页

---

① 译者注：Mercurial 是一个跨平台的分布式版本控制软件，主要由 Python 语言实现，但也包含一个用 C 语言实现的二进制比较工具。

面的详细程度有助于很好地了解所有的细节，但这对区分重要与不重要可就没多大的帮助了。

最后一点，命令的名称往往凸显的是技术层面，而非应用方面。例如在 Git 中，我们使用以下命令是要丢弃本地的修改内容。

```
> git checkout -- FILE
```

理解了么？

另外，有些 Git 命令的名称还会与其他已知的版本控制系统有着不同的含义。例如在 Subversion 中，我们要丢弃本地的修改内容，通常使用的是如下命令：

```
> svn revert FILE
```

Git 中也有一个 **revert** 命令，但它的作用是移除已提交的修改内容。

关键是由于 Git 的高复杂性，它的学习曲线会显得比较陡峭。也正因为如此，开发者们在引入 Git 时做好充分准备是非常重要的，而且，为一些标准工作流定义明确清晰的处理过程也非常重要。

但只要我们付出了上述努力，就会得到一个非常强大的工具，它能让我们在工作中无往不利。

26.2　复杂的子模块

关于子模块的概念，我们在第 11 章中已经介绍过了。总之，子模块就是一个独立的版本库被连接到另一个版本库（主版本库）中的一种方式。

克隆一个带子模块的版本库是一个复杂的操作，我们需要执行一些额外的步骤（会用到 **submodule-init** 和 **submodule-update** 命令）。你可以清楚地看到子模块在概念上的翻新。

通过 Git，我们可以随时将自己某个包含子模块的项目恢复到某个可重现的版本上。但不幸的是，这也会复杂化我们的工作。因为我们对一个子模块修改往往必须要先完成一次单独的提交。然后，我们还要在主版本库中执行第二次提交时，还得要再选取子模块中这个新提交，并一直维持这样的联系。

在许多开发项目中，我们通常都会希望主项目所集成的始终是子模块的当前版本。 Git 的子模块不支持这种想法，我们始终必须要明确选取某一次提交。

事实上，子模块本身就是一个独立的版本库，两个版本库之间的文件移动可能并不会被纳入到历史记录中。

这一切会使得人们经常忽略掉 Git 中的子模块。如果在技术概念上。模块只是项目中的一个结构单元的话，那么我们最好的工作方式应该是用一个大型的版本库，将所有的模块都包括进去。这样一来，我们就始终拥有所有的模块和文件的最新版本了，而且其历史记录也会随之移动。但这也意味着在这个方案中，各模块独立的发布周期、分支和标签将不复存在。

或者，如果不对模块采用这种紧耦合的方式，让它们拥有自己的发布周期，那么我们可以使用一些支持对版本库进行依赖关系管理的外部组件（例如 java 中的 Maven 或 Ivy），并用 Git 只对模块间依赖关系的定义文件（例如 Maven 中的 **pom.xml** 文件）进行版本化。

26.3　大型二进制文件的资源消耗

Git 有一个非常高效的内存管理机制。一份文件的内容将只被存储一次，即使该文件有多份副本也是如此，这种策略也适用于跨边界的提交。也就是说，只要文件本身的内容不发生变化，Git 中所有与之相关的提交都只存储这一个对象。

另外，Git 中的对象还会被打包并压缩。所有这一切都会使得文件的存储资源变得非常高效。

但是，一份文件的所有版本也都会被保留在本地版本库中。如果我们用 Git 来存储一些大型的二进制文件（例如电影、照片、虚拟机等），这反而会导致更多的资源消耗。每当我们创建一个大型二进制文件的新版本，无论新旧文件都会被放进本地版本库。

在这种情况下，集中版本控制系统反而就更有优势了，它只会在开发者的机器上存储二进制文件的最新版本。旧版本将只存储在服务器上。

基于上述原因，我们在实际开发过程中应该尽可能地减少 Git 版本库中的大型二进制文件的数量。当然那些“小型”的二进制文件（例如 Java 库），对于今天的硬盘容量和网络带宽显然是没有问题的。

当然，如果版本库变得非常巨大，我们也可以用之前所介绍的工作流“外包长历史记录”来删除掉一些文件的旧版本。

26.4　版本库只能作为一个整体被处理

在 Git 的版本化策略中，我们的提交始终都会包含整个项目或目录。相比之下，最集中式的版本管理也可以对文件进行单独管理。因此，集中式的版本控制也支持部分检出，也就是说，我们可以分别从某一版本中获取不同的子目录。

而 Git 则不支持部分检出，因为其所有文件都是本地可用的。如果真的需要进行部分检出，往往就说明该项目缺乏模块化处理，也就是说，我们应该为其创建多个版本库。

通常情况下，部分检出功能是集中式控制版本系统用来抵消系统缓慢带来的问题的，但这对 Git 不是个问题。

如果你真的只是希望单独查看这些文件而已，那么也可以选择设置一个 GitWeb 服务器（参考 **instaweb** 命令）。该服务器允许我们直接访问某些文件和版本。

另外，我们也可以使用 **archive** 命令来对版本库的某一部分进行针对性导出。

26.5　版本库只能作为整体被授权

我们在上一节中所讨论了 Git 只能作为一个整体被处理的情况，该问题同样也适用于授权问题。

我们无法用 Git 为项目中某个单独的目录设置权限。所以，用户要么就具有一个版本库的完全访问权限，要么他就干脆不能访问这个版本库。它唯一可能的区别就是读与写之间的访问设定，但这只能应用于整个版本库。

这样一来，开源项目中不同访问权限的设置问题，就往往只能通过"信任网络"的概念来解决了。

在被"信任的网络"禁止推送的版本库中，它就只能采用纯拉取的工作流。在这个工作流中，开发这会在本地产生提交，然后再向集成管理员发送拉取请求。

而集成管理员将只接受那些知名度较好、值得信赖的人发来的拉取请求。而对于其他人的拉取请求，他们所做的修改就必须首先通过某个可信任的人的审核。Git 支持用于区别作者与提交者的"签名提交"概念。通过签名提交，我们可以对可信任的提交者进行审核，审核通过的人可获得签名，然后他就会在其提交信息的末尾加入以下相关内容。

```
Signed-off-by: Rene Preissel <rp@eToSquare.de>
```

通过这种方式，我们就可以创建通过审核的新提交了。由通过审核的签名开发者来负责编写。

因此，由"信任网络"刚性赋予相关目录的权限会被某种审查过程所取代。在大型开源项目（例如 Linux 内核项目）中，集成管理者也被分成了若干个层次。一段修改内容只有在经过若干个步骤之后才会最终来到官方版本库中。所以，顶层的集成管理者不必对所有的提交进行控制，因为这些提交基本上是由可信的签名开发者提供的。

当然，我们可以依靠 Gerrit 工具的支持修改上面这个"信任网络"工作流。我们可以在将相关修改纳入到官方分支之前，让其所有代码先经过一个审查过程。

对于一些内部项目来说，我们往往既不需要目录粒度的权限，也不需要复杂的审查过程。团队中所有的成员都应该可以查看并修改所有文件。我们最大限度地放开在项目发布、预定义测试这些层次上的限制。我们应该可以轻松地通过创建一些限制写权限的版本库来达到限制开发者的目的。一旦需要传送某些内容，获得授权用户的提交就会被传送给其他版本库。

26.6　能用于历史分析的图形化工具偏弱

当我们遇到项目的合并冲突或者合并错误问题时，就需要通过提交历史来查找原因。它往往是一个关于为什么纳入某个修改的问题。随着开发过程的日渐活跃，以及由此产生的多次提交和合并，这注定不会是一件轻松的事。

Git 为提交历史的分析工作提供了一个非常强大的命令行工具集（包括 **log**、**blame**、**annotate** 等命令）。但 Git 自带的图形化工具 gitk，以及各种开发环境的相关插件（例如 EGit）都不是很强大。它们都缺乏对于路径的跟踪能力。而在这方面，那些商业化的版本管理工具往往提供了更为清晰的显示选项。